科学普及读本

———— 十大科普读物之一 ————

趣味物理学 问答

〔俄罗斯〕雅科夫·伊西达洛维奇·别莱利曼 著

董董 译 贾英娟 绘

江西教育出版社
JIANGXI EDUCATION PUBLISHING HOUSE

图书在版编目 （CIP） 数据

趣味物理学问答 ／（俄罗斯）雅科夫·伊西达洛维奇·别莱利曼著 ； 董董译 ； 贾英娟绘 . -- 南昌：江西教育出版社，2018.11
（趣味科学）
ISBN 978-7-5705-0139-7

Ⅰ．①趣… Ⅱ．①雅… ②董… ③贾… Ⅲ．①物理学－普及读物 Ⅳ．① 04-49

中国版本图书馆 CIP 数据核字 (2018) 第 004792 号

趣味物理学问答

QUWEI WULIXUE WENDA

〔俄罗斯〕雅科夫·伊西达洛维奇·别莱利曼　著

董董　译　　贾英娟　绘

江西教育出版社出版

（南昌市抚河北路 291 号　邮编：330008）

各地新华书店经销

大厂回族自治县德诚印务有限公司印刷

720mm×1000mm　16 开本　19 印张　字数 280 千字

2018 年 11 月第 1 版　2020 年 1 月第 3 次印刷

ISBN 978-7-5705-0139-7

定价：46.00 元

赣教版图书如有印制质量问题，请向我社调换　电话：0791-86710427

投稿邮箱：JXJYCBS@163.com　　　　电话：0791-86705643

网址：http://www.jxeph.com

赣版权登字 -02-2018-586

雅科夫·伊西达洛维奇·别莱利曼（1882—1942）不是一个可以用"学者"这个词的本义来形容的学者。他没有什么科学发现，也没有什么称号，但是他把自己的一生都献给了科学；他从来不认为自己是一个作家，但是他的作品印刷量足以让任何一个成功作家羡慕不已。

别莱利曼诞生于俄罗斯格罗德省别洛斯托克市，17 岁开始在报刊上发表作品，1909 年毕业于圣彼得堡林学院，此后从事教学和科学写作。1913—1916 年完成《趣味物理学》，为他以后完成一系列的科学读物奠定了基础。1919—1923 年，他创办了苏联第一份科普杂志《在大自然的实验室里》，并担任主编。1925—1932 年，担任时代出版社理事，组织出版大量趣味科普图书。1935 年，主持创办列宁格勒（圣彼得堡）"趣味科学之家"博物馆，开展广泛的青少年科普活动。在卫国战争中，还为苏联军队举办军事科普讲座，这也是他在几十年的科普生涯中作出的最后的贡献。在德国法西斯围困列宁格勒期间，他不幸于 1942 年 3 月 16 日辞世。

别莱利曼一生写了 105 本书，大部分都是趣味科普读物。他的许多作品已经再版了十几次，被翻译成多国文字，至今仍在全球范围内出版发行，深受各国读者朋友的喜爱。

凡是读过他的书的人，无不被他作品的优美、流畅、充实和趣味性而倾倒。他将文学语言和科学语言完美结合，将生活实际与科学理论巧妙联系，能把一个问题、一个原理叙述得简洁生动而又十分准确，妙趣横生——让人感觉自己仿佛不是在读书、学习，而是在听什么新奇的故事一样。

1957 年，苏联发射了第一颗人造地球卫星，1959 年，发射的无人月球探测器"月球 3 号"，传回了航天史上第一张月亮背面照片，其中拍到了一座月球环形山，后被命名为"别莱利曼"环形山，以纪念这位卓越的科普大师。

CONTENTS 目录

第一章 力学及其基础知识

第二章　液体的性质

第三章　气体的性质

第四章　热现象

第五章　声现象与光现象

第六章　其他一些问题

10 000 牛顿

1 比米更大的长度单位

【题】你知道哪些比米大的标准米制单位？

【解】通常来说，千米是比米更大的标准长度单位，而比千米更小、比米更大的十米、百米等单位表述，在法定计量单位表中是不存在的。

2 升和立方分米的大小

【题】升和立方分米是一样大的吗？

【解】升和立方分米似乎是一个概念，但实际上这种观点是不正确的。虽然两者在容量上面近似相等，但并不是完全等同的。在度量制中，标准的1升是用1千克来衡量的，而不是用1立方分米来衡量。比如，1千克的纯净水在密度最大时（水温4℃情况下）的体积就是1升，而这个体积要比1立方分米多出27立方毫米。

所以说，升与立方分米是不相等的，1升要稍大于1立方分米。

3 最小的长度单位

【题】最小的长度单位是什么？

【解】现代科学领域中常用的最小的长度单位并不是千分之一毫米（即微米①），而是百万分之一毫米（即纳米）。

纳米是现在最小的长度单位。单位未知数（X）虽然以前用过，但是现在已经不再使用了，这里 $X = 1.00206 \times 10^{-13}$ 米 ≈ 0.0001 纳米。当然，对于存在于大自然中的一些物体来说，根本没有办法准确地测量其大小，因为未知数（X）本身就很小。例如，电子②的直径是几百分之一个 X，质子的直径是两千分之一个 X。

上面列举出的这几个较小的长度单位对照：

微米 ┈┈┈┈┈┈┈┈┈┈┈┈ 10^{-6} 米

纳米 ┈┈┈┈┈┈┈┈┈┈┈┈ 10^{-9} 米

埃米 ┈┈┈┈┈┈┈┈┈┈┈┈ 10^{-10} 米（已取消）

未知数（X）┈┈┈┈┈┈┈┈ 10^{-13} 米（已取消）

根据国际单位制规定，表面上可以使用的其他米制单位还有由单位米生成的皮米（10^{-12} 米）、飞米（10^{-15} 米）和阿米（10^{-18} 米）等，但事实上，比纳米还小的米制单位已经基本不再使用了。

注 释

①对于现代技术而言，微米已经是一个相当大的长度单位了。复杂的机械只有在零件可以互换的情况下，才能进行大批量的生产。这样，可精确到数十分之一微米的测量仪器就运用到了生产实践领域。

②严格地讲，电子直径只是假设存在的。约瑟夫·汤姆森说过："假如推测电子也遵循实验室中带电金属球所遵循的那些原理，那么就能计算出电子的'直径'，即这个值等于 3.7×10^{-13} 厘米。但是通过实验是不可能验证这个结果的。"

4 最大的长度单位

【题】最大的长度单位是什么？

【解】在不久之前，"光年"还是科学领域普遍认为的最大的长度单位，即光在真空中一年所走过的路程，它等于9.5万亿千米（即9.5×10^{12}千米）。但后来，这个长度单位在许多科学著作中已渐渐被"秒差距"所取代。秒差距由"视差"和"秒"这两个词的缩写合成，等于31万亿千米（即31×10^{12}千米），是光年的3倍多。但是，如果用来测量宇宙的深度，即使是用这么大的长度单位还是太微小了，这时天文学家不得不引入"千秒差距"这个长度单位，即1 000个秒差距，继而引入"百万秒差距"，即1 000 000个秒差距。现今存有记录的最大的长度单位就是百万秒差距了，螺旋星系间的距离就是用百万秒差距来测量的。而"单位A"，这个含有一百万个光年、天文学家认为的较大单位，也只约等于百万秒差距的$\frac{1}{3}$。

若干个较大的长度单位对比：

光年 ·······················9.5×10^{12} 千米

秒差距 ·····················31×10^{12} 千米

千秒差距·····················31×10^{15} 千米

单位 A·······················9.5×10^{18} 千米

百万秒差距·············31×10^{18} 千米

5 比水还轻的轻金属

【题】最轻的金属是什么？与水相比哪个更轻？

【解】我们一谈到轻金属，一般就会联想到铝。但是事实上铝在轻金属行列中还排不到第一位，因为比铝更轻的金属还有好几种。从下面列举出的若干轻金属中，不难发现比水还轻的金属有三种。

名称　　密度（克 / 立方厘米）

铝……… 2.7

钙……… 1.55

锶……… 2.6

钠……… 0.97

铍……… 1.9

钾……… 0.86

镁……… 1.7

锂……… 0.53

纯水在 4℃时的密度是 1 克 / 立方厘米，从上面的列举中，我们可以看出钠、钾、锂这三种金属比水还轻，锂[①]是最轻的金属。如果把锂放在煤油里面，就会看到有一半的锂在油面上漂浮着。锂甚至比一些树木还要轻。它的质量与最重的金属锇的比值是 1 ：40。

图 1 直观地表示了铝、铍、镁、锂几种轻金属在同等质量下的体积比。

轻金属可以制成多种形式的轻合金（轻合金是指所有密度小于 3 克 / 立方厘米的合金，法国工程师最善于生产高质量的轻合金），这在现代工业中已经得到广泛应用。

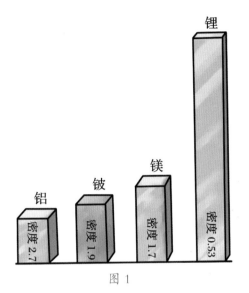

铝　密度 2.7
铍　密度 1.9
镁　密度 1.7
锂　密度 0.53

图 1

1. 铝和少量铜、镁可以制作出硬铝和软铝合金。硬铝和软铝合金的密度是 2.6 克 / 立方厘米，在相同体积的情况下，它的质量是铁的 1/3，但是刚度却是铁的 1.5 倍。

2. 铍和铜、镍可以制作出硬铍。硬铍与硬铝的质量比是 3 ∶ 4，但刚度比却是 7 ∶ 5。

3. 镁、铝和其他金属可以制作出镁基轻质合金[2]。镁基轻质合金与硬铝的质量比是 7 ∶ 10，刚度上却不亚于硬铝（其密度是 1.84 克 / 立方厘米）。

还有很多类似的轻铝合金，如西方常用的硅铝合金、斯克列隆铝锌合金、马格纳里合金（镁基轻质合金的前身）等，在此就不一一列举了。

注 释

①锂，用于制造红色信号火箭（做海上遇险信号使用），也应用于玻璃制造工业（如乳制品用玻璃瓶）和硬化合金的金属工业。

②镁基轻质合金，名称来源于最早制作这种合金的公司，苏联的"谢尔戈·奥尔荣尼克杰"型飞机就是用这种合金制造而成的。

6 世界上密度最大的物质

图 2

【题】你知道世界上什么物质的密度是最大的吗？

【解】普遍认为，锇、铱、铂（白金）这三种物质的密度是最大的。但事实上，如果要与某些行星上的物质相比，它们的密度就不算大了。目前发现的密度最大的物质在范梅南（van manen）行星上。范梅南行星上的一些物质密度极大，火柴盒大小的一块，质量却相当于30个成人的体重之和。（见图2）

范梅南行星属于黄道十二宫双鱼星座，这颗行星的几何面积小于地球，平均密度约为400千克/立方米。所以，这种物质的密度与水的密度（1克/立方厘米）的比约为400 000：1，与白金的密度（21.46克/立方厘米）的比约为20 000：1。就算是一直径仅1.25毫米的这种物质颗粒，在地球表面的质量也能达到400克，而在范梅南行星表面称出的质量竟为30吨，真是大得离谱。

7 推动无人岛上的山岩

【题】"如果你孤身一人在一座太平洋热带岛屿上，在不借助任何工具的情况下，你怎样才能推动一块长30米、高5米、重3吨的花岗岩？"这是著名的爱迪生实验中的一个问题。

【解】"这个热带岛屿上有树木生长吗？"——在一本研究爱迪生实验的德语书里面首先提出了这样一个问题。实际上，这个问题是没有意义的，因为我们用手就可以推翻一块岩石，哪里需要什么树木啊！在题目中，花岗岩的厚度并没有明确地写出来，但是我们通过题目中已给出的条件很快就可以计算出其厚度。通常情况下，花岗岩的密度是水的密度的 3 倍，已知花岗岩的质量为 3 吨，那么它的体积就是 1 立方米。已知花岗岩高 5 米，长 30 米，那么花岗岩的厚度就是

$$\frac{1}{30 \times 5} \approx 0.007（米）= 7（毫米）$$

这座太平洋热带岛屿上面的花岗岩厚度仅仅是 7 毫米，可以看作一堵薄薄的墙体。只要这堵墙体没有牢牢地嵌进土里，用双手推一下或单肩顶一下就足以推倒它了。图 3 为推翻爱迪生墙的实验示意图，假设需要的力的大小为 x 千克力，而这个力的着力点 A 与地面的距离为 1.5 米，这个力使墙体围绕着 O 点翻转，那么这个力的力矩就等于

$$M_x = 1.5x$$

墙体重力 P 作用在重心 C 上，让墙体保持原来的状态。那么重力的力矩相对于 O 点来说就等于

$$M_P = P \cdot m = 3\,000 \times 0.0035 = 10.5$$

这两个力矩平衡，则

$$1.5x = 10.5$$

得出

$$x = 7$$

也就是说，一个人想要把墙体推倒只需要使出 7 千克的力就可以了。

类似的石壁要完全处于垂直竖立的状态也是不可能的，因为就算是一阵微风，我们虽然感觉不到，但是却有可能推倒石壁。根据上面所提及的方法，我们

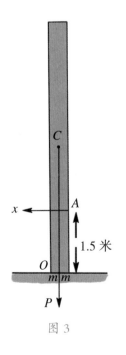

图 3

会很容易计算出，要推倒这堵墙只需要压强为 1.5 千克力 / 平方米的风（可以看作是一种作用在墙体上半高处的力）。而且即便是一股"微"风——压强只为 1 千克力 / 平方米，也会给墙体带来 150 千克力的压力。

8 蜘蛛丝的质量

【题】假设有这样一根蜘蛛丝，其长度为地球到月球的距离，请问，这根蜘蛛丝有多重？手掌能够承受住它的质量吗？

【解】乍一看到这个题，我们很难想象出答案。但是通过计算，这个问题就比较简单了。计算方法如下：设蜘蛛丝直径是 0.0005 厘米，密度是 1 克 / 立方厘米，蜘蛛丝长 1 千米时质量就是

$$\frac{3.14 \times 0.0005^2}{4} \times 100\,000 \times 1 \approx 0.02 \,（克）$$

地球到月球的距离大约为 400 000 千米，那么当蜘蛛丝长度为 400 000 千米时，它的质量等于

$$0.02 \times 10^{-3} \times 400\,000 = 8 \,（千克）$$

所以，手掌完全能够承受住蜘蛛丝的质量。

9 埃菲尔铁塔模型的质量

【题】埃菲尔铁塔[①]高度为300米，质量是9 000吨。现在有一个精确制作的铁塔模型（见图4），已知其高为30厘米，请问：这个模型的质量是多少？

【解】这个问题虽然属于几何学的领域，但引起了物理学领域的重点关注。因为在物理学中，时常会将几何形状相似的若干个物体的质量进行比较。

于是，如何确定两个相似物体之间的质量关系（其中物体 *A* 和物体 *B* 的线性大小比例为 1 : 1 000）就成问题的关键所在。按照上面这种比例关系，如果你以为微缩后的埃菲尔铁塔模型的质量应为实物的 $\frac{1}{1\,000}$，也就是 9 吨的话，那么你就错了。事实上，几何形状相似的物体的线性比例的立方就等于它们的质量比。换而言之，模型质量的 10^9 倍（即 10 亿倍）等于实物的质量：

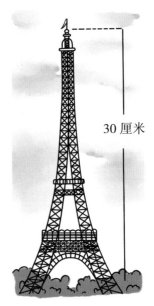

30 厘米

图 4

9 000 000 000 : 1 000 000 000=9（克）

模型为铁制品，长度是 30 厘米时，质量是相当小的。因为模型仅为实物厚度的 $\frac{1}{1\,000}$，所以模型的框架会非常薄，这就要求模型要如丝般精细。因而，模型就如同一件精细的纺织品——由最细的丝线[2]制作而成的纺织品，那么模型质量之小也就在预料之中了。

注 释

①埃菲尔铁塔，又称巴黎铁塔，是位于法国巴黎战神广场上的一座镂空结构的铁塔。它是巴黎最高的建筑物、巴黎城市地标之一、法国文化象征之一，被法国人爱称为"铁娘子"。

②如果将埃菲尔铁塔 9 000 吨的框架全部替换成丝线，那么其模型的质量则仅约为 9 克。

10　手指上的 1 000 个大气压

【题】你能够相信 1 000 个大气压是由一根手指产生的吗？

【解】我们在用手指将尖针或是大头针扎入织物时，施加的压强竟然达到了 1 000 工程大气压[1]，这是我们很多人完全没有意识到的。对于这个结论我们是不难理解的。比方，我们写字时，约 300 克力（或 0.3 千克力）被手指施加在笔尖上面。受压的笔尖的直径大约为 0.1 毫米（或 0.01 厘米），那么笔尖的面积约是

$$3 \times 0.01^2 = 0.0003（平方厘米）$$

所以，笔尖上的压强为

$$0.3/0.0003 = 1\ 000（千克力/平方厘米）$$

我们作用在笔尖上面的压强是 1 000 个工程大气压（因为 1 工程大气压等于 1 千克力/厘米^2），这个压强与蒸汽机圆柱汽缸内蒸汽做功比是 100：1。

裁缝并没有意识到，他在做针线活时一刻不停地接触着 1000 个大气压，这么大的压强是通过他自己的手指施加的。同样，理发师在使用锋利的剃刀剪发时，也从来没有考虑过自己的手指会施加那么大的压强。因为剃刀的刀刃厚度不到 0.000 1 厘米，一根发丝的直径也小于 0.01 厘米，所以即使剃刀施加在一根头发丝上面的力的大小只有几克力，但是剃刀施加在头发丝上的受压面积就等于

$$0.000\ 1 \times 0.01 = 0.000\ 001（平方厘米）$$

1 克力对着小块面积的压强就是

$$1/0.000\ 001 = 1\ 000\ 000（克力/平方厘米）= 1\ 000（千克力/平方厘米）$$

也就是说，这又是 1 000 工程大气压。因为对剃刀上手所施加的力不会超过 1 千克力，所以发丝上由剃刀所施加的压力就是几千个大气压。

 注 释

①一个工程大气压小于一个标准大气压，1（工程大气压）=1（千克力/平方厘米）=98.07（千帕）。

11 一只昆虫的力量有多大

【题】你能相信，10 000个大气压的力量是由一只昆虫所产生的吗？

【解】我们都知道昆虫很渺小，一只昆虫的力量的绝对值是很小的，所以很难想象它能够产生一万个大气压。但是，现实中确实存在着这样一类昆虫，一类甚至能产生更大压强的昆虫。

就拿黄蜂来说，它们只要使用约1毫克的力，就可以将毒刺刺入猎物的身体中。但是，我们所有的精密仪器都无法精确地测出黄蜂毒刺的锋利程度，这种锋利度已经超过了我们所能观察到的程度。即使是所谓的微型外科仪器，与黄蜂刺相比也会显得钝得多。黄蜂刺上的图像即使通过最大倍数的显微镜观看，也看不出任何扁平的形状。图5为显微镜下山峰状的

图 5

黄蜂尖刺，即使通过显微镜透视，我们能看到的形状还是类似于山峰状的。如果用显微镜去观察刀刃，我们会发现呈现出类似于锯齿或山峦的图案，如图6所示。黄蜂刺因为其刺尖半径不超过0.000 01毫米，有可能会是自然界中最锋利的物体。这样它就像是一把打磨得相当锋利的剃刀。

为了方便，我们把 π 看作是3，然后计算黄蜂使用0.001克力的受力面积，也就是半径是0.000 01毫米的圆面积的大小。面积等于

$$S = 3 \times 0.000\,001^2 = 0.000\,000\,000\,003（平方厘米）$$

刺第一次作用在这个面积上的力的大小为 0.001（克力）= 0.000 001（千

图 6

克力）。压强则等于

$$P = \frac{0.000\,001}{0.000\,000\,000\,003} \approx 330\,000\,（工程大气压）$$

但是，在现实生活中事情可能不一定是这样的。因为被刺的生物在压力还未达到那么大时，就已经奄奄一息了。换言之，黄蜂只需要施加一点点力，而用不了1毫克的力就可以达到目的了，当然同时还取决于猎物的密度。

12 河上的桨手

【题】河面上有一艘桨船，有一块木板漂浮在它的旁边。那么对于桨手来说，保持领先木板10米和保持落后木板10米哪个更轻松？

【解】人们普遍认为，逆流划船要比顺流困难，所以，要和一块在水面上漂浮的木板比赛，结果一定是能够划到木板前面的。这一错误的想法即使是从事水上运动的人也经常会有。

事实上，将河岸的某个点作为参照物的话，逆流划船确实比顺流划船困难。但是，如果你和你要到达的那个点同时在水中移动（如一块在水面漂浮的木板），那就不一样了。应该注意的是，在水流中运动的小船是处于静止状态的，相对于承载它的水流来说，桨手在不流动的河水中划桨与他坐在小船中划桨是完全一样的。对于划桨的桨手来说，无论是在静止的河水中还是在流动的河水中，朝哪个方向划桨都是一样的轻松。

因此，桨手无论是想超过漂浮的木板还是想落后于它，在同一段距离内，他耗费了相等的劳动量。

13 系在热气球上的旗子

【题】一只热气球的吊篮中插有一面旗了，若热气球在风的作用下朝北移动，请问：吊篮中旗子会朝什么方向飘扬？

【解】旗子应该是垂直悬挂着的，就如同处在静止的空气或无风的天气里面。气球如果在空中被气流控制，那么这两者是有着相同的速度的。原因就在于气球和它周围的空气是处在相对静止的状态中。所以人如果乘坐在这只气球的吊篮里面，即使外面狂风大作，也依然不会感受到风的存在。

14 水面上的波纹

【题】将石头投到静止的水中会激起圆圈状的波纹，那么在流动的河水中投入石头所激起的波纹又会是什么形状的呢（见图7）？

【解】乍一看到这个问题，我们的思维很容易陷入困境，找不到能

图7

够解决这个问题的方法，会得出这样的结论：在流动的水中，波纹既不会弯曲成椭圆，也不会弯曲成扁状（曲面迎着水流方向）。我们认真观察一下就会发现，无论水流多么湍急，投入河中的石子所激起的波纹依然是圆圈状的。

这在意料之中的简单推理让我们得出这样一个结论：投入河中的石子所激起的波纹应该是圆形的，不管水是静止的还是流动的。泛起涟漪的水微粒的运动被我们看作是辐射（由波动中心向外扩散）和传递（朝水流方向运动）这两种运动的结合。假如参与几种运动的物体逐次完成了所有的运动，那么最终它所到达的地方与同时完成所有运动的地方是相同的。所以，我们最初假设的是在静止的水中投入石子。那么当然，这样出现的波纹就是圆形。我们进而再思考一下，如果水在流动（只要是这种运动处在前进之中，无论流速大小，是否匀速），这些圆圈状的波纹会出现什么样的变化呢？答案是这些波纹还是圆圈状的，因为前提是在不出现任何偏差的情况下，它们会平行位移。

15 瓶子和轮船

【题】（1）两艘轮船在河中相向而行，但是速度不相同。两船在相遇并齐时，各自从船上扔下一个瓶子。15分钟后，两艘轮船在同一时间掉头并且按照原速驶向各自的瓶子。请问，是速度快的轮船会更早到达瓶子所在的位置，还是速度慢的轮船会更早到达瓶子所在的位置？

（2）假如两艘轮船行驶的方向是相背的，请问，又会是哪艘轮船先到达瓶子所在的位置？

【解】两艘轮船返回到瓶子所在位置的时间是一样的。两个问题的答案是相同的。

在解决这个问题之前，要首先考虑下面的事实：河流承载着瓶子和轮船时的速度是一样的。因此，它们的位置相对水流是不会改变的。所以，水流的速度是相当于零的。两艘轮船在扔掉瓶子15分钟后同时掉头，经过一段时间行驶后，一定会到达它们瓶子的所在位置（前提条件是在静止的水中）。

16 惯性定律和生物

【题】惯性定律是否同样适合于生物？

【解】惯性定律是否同样适合于生物？让我们看看下面的情况。许多人认为，即使是在没有外力参与的情况之下，生物也能够发生位移。但是惯性定律却认为，在外界某个因素（即外力）去改变物体之前，物体会一直保持静止或者继续进行匀速的直线运动的状态。

而在表述惯性定律的时候，"外界"这个词完全是多余的，并不像想象中的那么不可或缺。在《物理的数学起源》一书中，牛顿根本就没有提起这个词。"每个物体都处在自身的静止状态或者是匀速直线运动之中，因为该物体的作用力没有使它改变这种状态。"这就是对牛顿惯性定律定义的直接翻译。

这里并没有指出，"外界"一定就是根据惯性让物体摆脱静止或者运动的原因。而在以上的表述中，"惯性定律同样也适合生物"这一观点被明确提到。

读者也会在下文中碰到有关"生物具有排除外力参与而自身能运动"这种现象的相关分析。

17 运动和内力作用

【题】你相信物体仅仅依靠某些内力作用就能产生运动吗?

【解】"物体产生运动仅借助内力作用是不够的",这种普遍被人们认为的观点无疑是带有成见的。例如,火箭就是主要依靠内力作用来运动的,因为它的整个运行过程我们都可以亲眼见证,进而充分证明火箭主要是依靠内力运动。

整个物体不可能依靠内力处于同一种运动中,这一点是可以确定的。我们在火箭的运行中就能够碰到这样一种情况,即这个力完全可以让物体的某部分产生某种运动,比如向前,而剩下的部分向相反的方向运动,即向后。

除了火箭之外,猫也是一个比较显著的例子。仔细观察一下,你会发现,猫从空中落到地上时,脚爪总是朝下的。而猫的躯干则通过脚爪向某个方向的翻转带动着朝相反的方向翻转。脚爪在进行一系列时而撑起时而抓紧物体(即同时还利用了面积定律)的到位的翻转后,仅仅借助于一部分内力的作用,猫就完成了整个躯干的翻转。

在许多涉及某种力学定律的书本中都提及这一观点:因为物体借助自身的内力无法正确地把握运动趋势,所以内力作用还存在着争议。这种定律认为内力无法改变物体的重心,所以其实是不存在的。

18 摩擦是一种"消极"力

【题】我们都听说过摩擦力,为什么摩擦也会被称作是一种力(它的方向总是与运动方向相反)呢?它自身又不能产生运动。

【解】毫无疑问，导致运动的直接原因有可能是非运动物体的摩擦，但是它只能成为运动的障碍。但也正是因为这样，它才能被称作是一种力。那么力是什么呢？"力是一种为了改变物体静止或者匀速直线运动状态而施加在物体上的作用。"这是牛顿对力的定义。

物体的运动从匀速的状态变成非匀速的状态是由于地面的摩擦造成的。因此，可以说摩擦是一种力。

我们将这种非运动的力称为"消极"力，将其他能产生运动的力称为"积极"力，这样两者就可以区分开来。

19　摩擦在运动中的作用

【题】在生物运动过程中，摩擦起到的是什么作用？

【解】我们通过人走路这个具体的例子来了解一下。一般认为，在行走过程中，作为唯一参与的外力——摩擦力，是一种运动的力。我们经常可以在各类教科书和科普读物上看到这句话。但是如果你能仔细地思考一下：地面的摩擦有可能是运动的原因吗？毕竟它不能产生运动，只能减缓运动。

摩擦在人和动物行走中所起的作用应该这样思考。如同火箭运行，行走的实质也如此。因为人的身体的一部分在向后运动，所以人才能迈开脚向前。我们在光滑的平面上也能观察到这一点。但是只要摩擦力足够大，人整个身体的重心就会向前，身体也就不会向后退了，步子也就迈出去了。

那么造成身体重心前倾的力有哪些呢？肌肉收缩，也就是内力。在这种情况下，只能把摩擦的作用归结为：摩擦与行走时所产生的两个相等内力中的一个内力平衡，这样就突显出另一个内力来。

摩擦无论是在生物体任何形式的位移中，还是在轮船运动的过程中，都起到了这种作用。所有这些物体是靠着摩擦产生势能的两个内力中的一个力作用的，而不是靠摩擦作用向前运动的。

20 绳索的拉力

【题】第一种方法，握住绳索的两端，并朝两个方向各施加100牛顿的力，可以将绳索弄断；第二种方法，首先用嵌入墙体的钉子把绳索的一端固定好，然后双手用200牛顿的力去拉绳索的另一端。这两种方法，绳索所受到的力一样大吗？

【解】通常情况下，人们会觉得，无论是第一种方法还是第二种方法，两条绳索会受到相同的拉力。第一种方法中，两个施加在绳索两端的100牛顿的力产生的拉力是200牛顿；第二种方法中，固定的那端的拉力也会达到200牛顿。

上面的分析真是迷惑了我们。然而实际上呢？第一种方法中，绳索两端各受力100牛顿；在第二种方法中，由于当时手的力与引发的来自墙体的反作用力是相等的，所以绳索的两端各受力200牛顿。由此可见，在两种方法中，绳索的拉力是完全不相等的，而且第一种方法中的绳索所受到的拉力与第二种方法中绳索所受到的拉力的比值是1∶2。

但是，假如确定那根绳索受到的拉力大小，又有可能犯新的错误。假设一下，把绳索拉断以后，弹簧秤上系着绳索的任意两端，在其环上和钩上分别系一端。那么弹簧每次显示的刻度又是多少呢？有人会认为：第一次和第二次的弹簧显示的刻度分别是200牛顿和400牛顿。但这是错误的。实际上，两个固定在绳索两端的均为100牛顿的反方向的力产生的力总共也就是100牛顿，而不是想当然以为的200牛顿。因为每个力都有两端，所以就不存在其他的100牛顿的力。如图8和图9，一个测力器的两端分别系在一匹马和一棵树上，另一个测力器的两端分别系在一匹马和一面墙上，当马拉动时，测力器上显示的都不是两个力的总和。那我们也就能明白，所谓的两个拉断

10 000 牛顿

图 8

10 000 牛顿

图 9

绳索的均为 100 牛顿的反作用的力是什么力了！不错，正是我们所称的"100
牛顿的力"。还有个与之相反的情况，如果在我们面前的力不是双向的，而
只是普通的，那么我们常常会忽略该力的另外一端。例如，当物体坠落时，
力的一端就是作用于它的地球引力，而另外一端就是被固定在地球中心的地
球球体的拉力。

　　这样，绳索受到不同方向上 100 牛顿力牵引的拉力是 100 牛顿，而绳索
受到一个方向上 200 牛顿力牵引的拉力就是 200 牛顿（如果朝相反的方向，
绳索所受的作用力也是 200 牛顿）。

21 马德堡半球实验

【题】奥特·盖里克把两个铜质的半球对接在一起，让球体内部变成真空的，最后在两个半球的每侧都套上了8匹马。这就是著名的"马德堡半球实验"。根据这个实验，如果我们利用墙体将两半球一侧固定住，而另外一侧则套上16匹马。请问，以上两种方法哪种效果会更好？牵引力又会发生什么变化？

【解】只要将上面的文章搞清楚了，此时的问题就会比较容易理解了。根据作用力和反作用力的规律，墙体的反作用力就可以相当于8匹马的牵引力了。所以盖里克完全可以将两半球一侧的8匹马换成某堵墙或者某根粗壮的树干，这样就可以闲下8匹马来。我们可以将这8匹闲马套到半球另一侧的8匹马那边，这样就增加了牵引力。那么现在16匹马的牵引力会是以前8匹马牵引力的2倍吗？事实上，并不是。因为力不完全对等，双倍数量的马产生的并不是双倍的牵引力，而是小于双倍却大于单倍的力。

最有效的方法就是，将8匹马用其墙体的阻力所代替，同时因为存在力的不对等情况，所以不需要利用另外的8匹马。这样既省力，又省下8匹马来。墙体的反作用表现尤为明显的时候，就是在马的牵引力起作用的时候，但是不能认为这是马的反作用。

22 力相等和力平衡

【题】成人和小孩拉动同一个弹簧秤，成人能拉动100牛顿，小孩只能拉动 30 牛顿。请问，如果两人同时朝相反的方向拉动同一根弹簧秤，那么弹簧秤的指示针会出现什么样的变化呢？

【解】如果我们不加以思考，会想当然地认为既然成年人拉动弹簧秤的环那头需要用 100 牛顿的力，而小孩拉动弹簧秤的钩的那头需要用 30 牛顿的力，那么弹簧秤的指示针肯定会指向 130 牛顿。

这个想法是错误的。要想用 100 牛顿的力去拉动物体，必须有相等的反作用力，否则是拉动不起来的。综合上述情况来看，小孩所用的不超过 30 牛顿的力就是反作用力，因此，成人要拉动弹簧秤只需要用不超过 30 牛顿的力就可以了。换言之，弹簧秤的指示针最终会停留在 30 牛顿这个刻度上。

也许有些人觉得不太理解，他们认为握着弹簧秤的小孩完全没有用力拉秤。但是，我们发现，作用力和反作用力相等，在任何条件下都不会被破坏。所以，要是小孩没有用力去拉弹簧秤，成年人怎么可能在弹簧秤上拉出哪怕 1 牛顿的力来？

如果将力相等和力平衡这两个概念的类似"解释"（因为作用力和反作用力是施加在不同物体上的，所以它们从来都无法平衡）混淆了，那么不但将事情的本质遮盖了，而且还会使人们错误地去理解牛顿第三定律。

23 体位变化对秤的影响

【题】人在刻度为十进位的秤上，时而站着，时而蹲下。在人蹲下的那一刻，秤盘上的指示针是朝上移动的，这个说法正确吗？

【解】这个说法确实是正确的。虽然人在秤上往下蹲时，体重并不会发生任何变化，但若是因此就认为秤盘完全不会移动，这种想法则是不正确的。人在秤盘上向下蹲时，双脚施加给秤盘上的指示针的压力是减少的，因为下蹲时双脚被施加给躯干向下的力托住了，所以秤盘指针会向上晃动。

24 攀爬热气球

图 10

【题】当一个人沿着静止在空中的热气球上垂落下的一截梯子向上攀爬（见图10）时，热气球还会保持静止不动吗？

【解】热气球当然不可能静止不动。热气球在人开始向上爬梯时会往下沉。同样的道理，当人从已经靠岸的小船上岸时也会出现类似的情况——在人双脚的作用下，小船会向后退。所以，在人向上攀爬的双脚的压力下，热气球会轻微地朝地面下坠。

至于热气球上下位移高度的大小，以及热气球的位移高度是人爬升高度的几倍，只要知道热气球的质量是人自身质量的几倍就可以得知了。

25 瓶子里的苍蝇

【题】将一只苍蝇装在一个封闭的瓶子中，然后将瓶子放置在灵敏的天平上，如图11所示。请问，当苍蝇飞离原来的位置时，天平上指示的刻度会

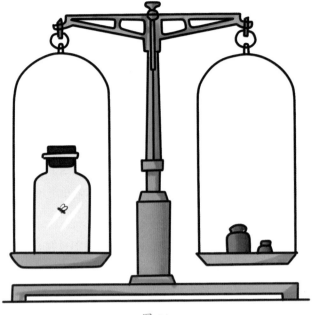

图 11

发生什么变化吗？

【解】在一本科学杂志上曾经出现过这个问题，参与讨论的是六名工程师。他们并没有讨论出一个公认的答案，其中人们提供了各种各样的论据和说法，得出的解决方法却自相矛盾。

其实，我们可以不运用方程式，而是运用物理原理就可以分析出：如果苍蝇离开瓶壁后，是在空中的同一水平面上进行飞行，那么天平指示的刻度与苍蝇停留在瓶壁时是相同的，也就是说刻度没有发生任何变化。因为苍蝇离开瓶壁飞行在空中的同一水平面的时候，它的翅膀给空气施加了一个压力，而这个压力相当于它自身的重量。然后，这个压力就扩散到了瓶底。

但是，当苍蝇在瓶中上下飞行时，加速运动的苍蝇就处在力的作用之中，这时压力就变了。根据力的反作用，如果苍蝇开始向上飞时，就有朝上的力施加在它的身上，那么向下的力就是反作用力，即对瓶内空气所施加的力。当这个力在瓶中扩散时，就会使瓶子向下。相反，当苍蝇向下飞时，由于类似的原因，天平指示的刻度就会减少。

26 麦克斯韦摆轮

【题】一根线轴系在活动的带子上，它落下后还会自己再弹上来，这是一种游戏，叫作"悠悠"。这种游戏并不是什么新鲜事儿，它早在《荷马史诗》中就已出现，古代英雄和智者就曾经玩过。

"悠悠"这个游戏，从力学的角度分析，也只不过是众所周知的"麦克斯韦"摆轮（见图 12）的变体。在麦克斯韦摆轮实验中，当落下一个小飞轮时，它会将拴在其上的轴线带动着一起运转。一个很大的旋转力逐渐地形成，促使伸展到底端的轴线继续旋转，进而将飞轮重新带动起来，继续向上运动。飞轮在上升过程中，之所以会旋转得越来越慢，直至最后停止运动，再重新旋转下落，就是因为动能逐渐转化成了势能。最初的能量以热的形式在摩擦中消耗掉，此过程中，飞轮可以重复多次起落。

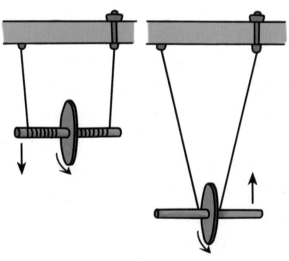

图 12

上面我们将"麦克斯韦"的实验描述了一下，进而提出下列问题。

如图 13 所示，在弹簧秤上将麦克斯韦摆轮的轴线固定好，弹簧秤上面的指示针在小飞轮上下舞蹈时，会保持在原来位置，还是会发生变化？

【解】当飞轮向下运动时，弹簧秤的指针是不会上升的，因为轴线受到的并不是飞轮全部重量的拉力。所以，在这个实验过程中，指示针在飞轮落下之前，都会处于一个微微翘起的状态。虽然计算出这样的结果让我们感到意外，但是这个结果由实验证明却是正确的。

图 13

指针会在飞轮上升直至最高点（此时飞轮就像瞬间静止）的过程中，一直保持着这个状态。以此类推，指针只有在飞轮处于运动路线最低点的时候，指针的刻度才会显示减少，而到下一刻则又会恢复到原先的状态。

下面我们再论证一下上述结论。我们假设飞轮的质量用 m 表示，自由落体加速度用 g 表示，飞轮落下的高度用 h 表示，平移运动的速度用 v 表示，旋转运动的角速度用 ω 表示，飞轮的惯性力矩 k 表示。mgh 表示势能转化为平移运动的动能 $\dfrac{mv^2}{2}$ 和旋转运动的动能 $\dfrac{k\omega^2}{2}$。因为飞轮向下的运动就是一个匀加速运动，而这个加速度与自由落体加速度相比要小一些。根据能量守恒定律，我们就可以列出下面这个算式：

$$mgh = \frac{mv^2}{2} + \frac{k\omega^2}{2}$$

同时，我们可以用 qmv^2 来代替等式的右侧部分，因为飞轮的旋转运动能量是它平移运动能量的几分之一。而这里的 q 只受飞轮的惯性力矩 k 决定，

它是一个抽象数（或者是一个单位）。所以 q 在飞行过程中是不会改变的。那么就有

$$mgh=qmv^2$$

由此可见

$$v=\sqrt{\frac{gh}{q}}=\frac{1}{\sqrt{q}}\cdot\sqrt{gh}$$

自由落体的公式为

$$v_1=\sqrt{2gh}=\sqrt{2}\cdot\sqrt{gh}$$

我们将上面两个公式对比一下就可以看到，飞轮的下落速度（在每个点都是相等的）即是自由落体速度的几分之一：

$$\frac{v}{v_1}=\frac{1}{\sqrt{q}}:\sqrt{2}$$

得出 $v=\frac{v_1}{\sqrt{2q}}$

另外，$v_1=gt$（自由落体的速度 v_1 与它的持续时间 t 之间是存在这种关系的），所以

$$v=\frac{gt}{\sqrt{2q}}=\frac{g}{\sqrt{2q}}t$$

通过上述公式我们可以得出，飞轮在以匀加速度向下落的时候，加速度 $a=\frac{g}{\sqrt{2q}}$。又因为 $q>1$，所以 $a<g$。

依次类推，我们同样可得出，飞轮是通过匀减速的运动来完成上升的，无论是大小还是方向，这个加速度同样是 a。

由于飞轮向下运动就是受到了小于它重量的力的作用的影响，所以很显然，它就受到某个向上的力 f 的牵引：$f=mg-ma$，即 f 等于飞轮重量 mg 和牵引飞轮运动的力 ma 之间的差，这也是轴线的拉力。只要确定了加速度的大小，我们也就可以知道在飞轮上升和下落运动中飞轮轴线所受到的拉力了。

由此可见，弹簧秤的指示针在飞轮下落时应该高于飞轮的重量刻度。

当飞轮向上运动的时候，我们就用得出的飞轮下降的公式来表示轴线的拉力：

$$f=mg-ma$$

所以说，弹簧秤的指示针不会受到飞轮上升或者下降的影响，依然保持不变。

在飞轮运动到最高点时，这个等式 $f=mg-ma$ 依然是成立的：指针的状态不会受到飞轮自上而下运动时的影响。

那么相反，在飞轮运动到最低点时，弹簧秤指示针的刻度要比整个飞轮重量所称出的刻度低。当时飞轮悬在紧绷的绳上，附着点传送其全部重量的同时，还传送飞轮轴运动的离心力（沿着小半径的弧形传送）。当飞轮运动到最低点时，飞轮将绳子解开到末端后，从一个方向转入另一个方向，此时绳子猛然一拽，出现一股拉力，指示数值就会瞬间下降。

27 火车上的木工水平仪

【题】在运行的火车上利用木工水平仪能不能对路面的倾斜度进行准确的判断？

【解】水平仪要想准确地显示出路面起伏状况，火车必须匀速行驶，不能出现加速的情况。而在现实中，这种匀速行驶的现象是不可能一直持续的，即使火车行驶在非常水平的地段，也会有出站时的加速及刹车时的减速情况。而水平仪上的气泡，只要是火车开始运行就会不时地从中心向两端移动。所以并不是每次气泡的运动都能说明路面发生了倾斜，要是通过这个特征去判断路面的倾斜度是做不到完全准确的。

我们看一下下面的示意图，以便于理解。如图 14 所示，假设水平仪为 AB，在静止的火车中水平仪的重量为 P，在水平方向上吸引水平仪向后移动的力为 R，P 和 R 的合力为 Q。沿着箭头 MN 所指示的方向，火车在水平面上加速前行着。水平仪下面的基座向前滑行，所以水平仪就会沿着地面向后滑动。合力 Q 挤压水平仪，使其贴近基座，对于液体来说，就相当于起作用的是重力了。水平面要暂时在 HG 区域内移动的话，水平仪的铅垂线就需要指向 OQ。这时，铅垂线上的气泡就会朝着 B 端移动。此时的 B 端，相对于新的水平面来讲，已经微微翘起。当然，上述这种情况只有在相当水平的路面才有可能发生。假如是处在坡面上，水平仪随着坡度以及火车加速度的变化，有可能会显示错误的路面起伏情况。

如图 15 所示，当火车开始刹车时，就改变了力的分布情况。这时，吸引水平仪向前运动的力 R' 开始作用到水平仪上，基座平面会"落后"于水平仪。力 R' 如果不受摩擦力的影响，水平仪将会滑向火车的前壁。这时力 R' 和力 P 的合力为 Q'。最终，气泡是向着 A 端靠拢的。虽然此时火车是在水平面上行驶，水平面也会暂时在 $H'G'$ 区域内位移。

总结来说，只有加速度（正的或负的）消失，水平仪才会显示正常的指示结果。火车在水平面上加速或减速运动时，水平仪的指示结果也会出现起伏。只要有加速度的存在，水平仪中的气泡就会偏离中间的位置。

由于在道路的弧线转弯处由重力产生的水平离心力会导致水平仪显示错误，所以我们也不能依靠运行的火车中的水平仪去判断路面的横向倾斜度。

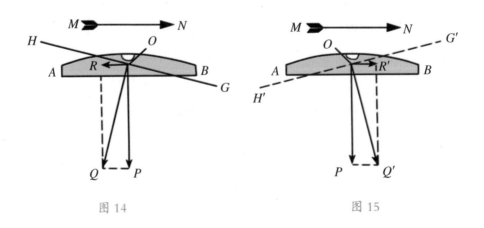

图 14   图 15

28 蜡烛火焰的偏移

【题】（1）我们将燃烧的蜡烛从房间的一个地方挪到另一个地方，会发现火焰在运动初始会向后飘摇。那如果找一盏封闭的灯笼，将燃烧的蜡烛放置其中，再同样挪动位置，火焰根本不会发生任何偏移，是正确的吗？

（2）假设灯笼做圆周运动，那么火焰又会发生什么变化呢？

【解】（1）正确的答案是：移动灯笼时，灯笼的火焰会向前偏移。而有些人所认为的火焰根本不会发生偏移则是不正确的。因为相对于周围的空气而言，火焰的密度更小，所以火焰会向前偏移。同样相同的两个物体，质量小的物体会被力施加更大的速度，反之亦然。所以，封闭灯笼中蜡烛的火焰的速度会比空气快，它在运动时会向前偏移。

（2）我们可以用同样的原因（即火焰的密度要小于周围空气的密度）对它进行解释。火焰会向里而不是向外偏移这一点是可以预见到的。

我们只要回想一下球体在离心机中旋转时球体内水银和水的分布情况就可以理解这一现象。水银的密度要远远大于水的密度，所以水银处于离旋转轴心更远的位置；如果把与旋转轴心相背的方向（即物体在离心力作用下"落"去的那个方向）看作是"下方"的话，那么后者就会漂浮到水银上。同理，相对于周围空气而言密度较小的火焰，在灯笼做圆周运动时，会"漂"到空气的"上方"，也就是旋转轴心的方向。

29 被折断的杆子

【题】如图16所示，一根均质的杆子中心位置受到支撑，处于平衡的状态。如图17所示，如果将杆子的右边部分分成相等的两段，截取下一段叠加在剩下的那段杆子上，杆子还会保持平衡状态吗？

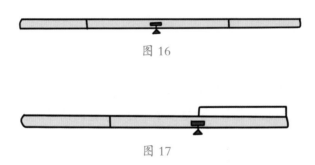

图 16

图 17

【解】有一些人可能会认为，叠加以后的杆子肯定还是会保持平衡的。这个观点其实是不正确的。

乍一看，杆子截断前后，左右两边重量是相等的，所以就认为两边应该是平衡的。但是杆子上同样的重物一定总是均等的吗？事实上，不是的。因为杆子上重物均等的条件，就是它们的长短比例和力臂比例是成反比的。如图18 I 所示，杆子的力臂在杆子没有截断之前是相等的，因为每一半的重量都是依附在其中心点上的，所以这时它们的重量是平衡的。但是，当杆子的右边部分被截断后，杆子左边力臂就成为右边力臂的两倍了。此时，正因为杆子左右两边的重量还是相同的，没有发生变化，而力臂却不再相同了，所以它们就不再均等了。如图18 II 所示，由于下面的杆子的左边部分的重

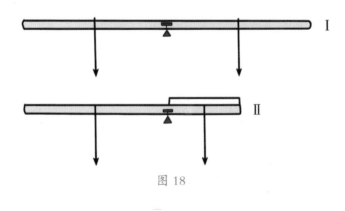

I

II

图 18

量所依附的那个点距离原中点位置的距离，是右边部分的重量所依附的那个点距离原中点位置的距离的两倍，杆子不再保持平衡状态。

30 两根弹簧的负荷

【题】如图 19 所示，如果让杆 CD 在这种倾斜状态下保持不动，那么 A、B 这两根弹簧秤上所显示的负荷是一样大小的吗？

【解】如图 20 所示，力 P 和力 Q 这两个力分别依附在点 C' 和点 D' 上面，将砝码 R 的重量分置到 P 和 Q 这两个力上。因为 M'C' = M'D'，而 P = Q，同时，即使杆是处于倾斜状态下，这些力之间的平衡也不会被破坏。由此可见，两根弹簧所承载的负荷是相等的。

同理，对搬家具上楼梯的两个人所受负荷的大小，我们常常会做出错误的判断。人们会习惯性地认为，抬柜子的两人中后面那个人要比前面那个人所承受的负荷大。因为，力的方向是竖直向下的，所以即使托在手上或者扛在肩头的柜子是倾斜的，但两个人身上所承受的负荷仍是一样的。

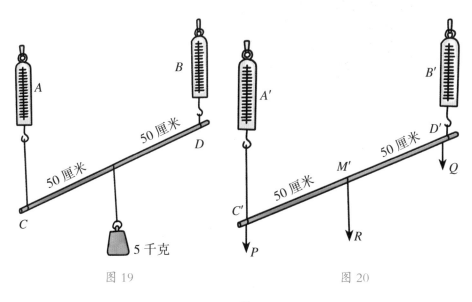

图 19　　　　　　　　　　　图 20

31 弯曲杠杆的问题

【题】如图 21 所示，将摆渡的手柄 *ABC* 折弯。*B* 点是手柄支撑点，力应该朝哪个方向使，才能用最小的力摇起 *A* 点，进而能更容易地作用在手柄的末端 *C* 点上？

【解】现将图 21 中的手柄 *ABC* 放大看，如图 22 所示，要想用最小的力获得所需要的静态力矩，就需要所用力的力臂最大。而力 F 的方向同 *BC* 直线保持直角关系这种情况下该力的力臂是最大的。

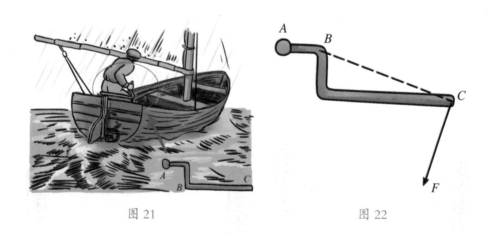

图 21　　　　　　　　　　　　图 22

32 在秤盘上的人

【题】如图 23 所示，将一个重 30 千克的秤盘吊在缠绕着滑轮[1]的绳子上，一个重 60 千克的人站在上面。要想保证秤盘不下滑，站在上面、拉住绳子一端的人需要付出多大的力？

【解】如图 24 所示，首先，高处的滑轮承受着人和秤盘的总重量（共计 90 千克），同时也受到绳 C 和绳 D 两绳的拉力，所以这个拉力也是 90 千克。绳 C 的拉力与绳 D 的拉力相等，都是 45 千克。绳 C 的拉力就是低处滑轮所承受的力，同时也等于绳 A 和绳 B 的拉力和，即绳 A 和绳 B 承受的拉力各为 22.5 千克。

所以，要想保证秤盘不下滑，人应该付出 22.5 千克的力来拉住绳子的 A 端。

图 23

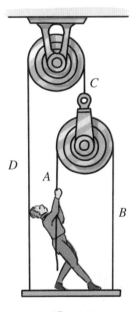

图 24

 注　释

①滑轮，我国古代称其为"滑车"。至少是从战国开始，滑轮已经广泛应用在作战器械、井中提水等生产劳动中。传说，公元前 4 世纪，为季康子葬母下棺，巧匠公输般就使用到了滑轮。汉代画像砖和陶井模型都有滑轮装置。

33 永远绷不直的绳子

【题】如图 25 所示，要想让绳子绷直，需要付出多大的力去拉绳子？

【解】无论我们付出多大的力去拉绳子，绳子都不可能绷直，而是会一直处于略下垂的状态。因为这根绳子并未受到垂直绳方向上的拉力，但让绳子保持略下垂状态的重力的方向却是垂直的。这样看来，这两个力不论处在何种情况下，都不可能平衡，也就是说它们的合力不可能为零。绳子会一直保持略下垂的状态就是因为这种合力的存在。

除非有一个垂直方向的力，否则无论力用得多大，绳子都不可能绷直，略下垂状态也就不可避免了。我们做不到让绳子完全绷直，即使已经尽量把略下垂状态的程度减少到理想状态。这样，每根非垂直方向上绷直的绳子，每根传送带都应该是略下垂状态的，如图 26 所示。

同样，如图 27 所示，我们在拉吊床时，吊床的绳子也是不可能绷成水平状的。拉得张力满满的吊床金属丝网，在人躺下去的瞬间就会发生弯曲。

图 25

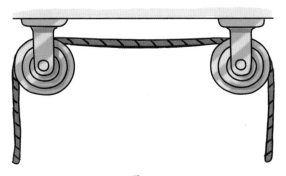

图 26

图 27

34 被困的汽车

【题】有一辆汽车陷进凹坑里，我们将汽车用一根结实的长绳牢牢地拴在路边的树上，然后向绳子的直角方向用力拉绳子。这样，就能将汽车挪动了。那么这个观点是否正确？

【解】这个观点是正确的。我们只要通过下述原始的方法，就能让一个人拉动一辆重型的汽车：无论施加的力有多小，只要在拉动绳子时，用的力与绳子形成的角度成直角，绳子都会受到这个力的作用。这个道理与绷直的绳子被拉弯是一样的。

如图28所示，CF是人的拉力，CQ和CP分别是CF分解成的两个沿绳子方向上的力。如果树足够粗壮，那么力CQ就可以牢牢地牵引它从而抵消树桩的阻力。因为力CP要比力CF大得多，所以它可以拉动汽车，进而把汽车从凹坑里面拉上来。绳子绷得越紧（即∠ACB的角度越大），这个力就越有可能将汽车拉动。

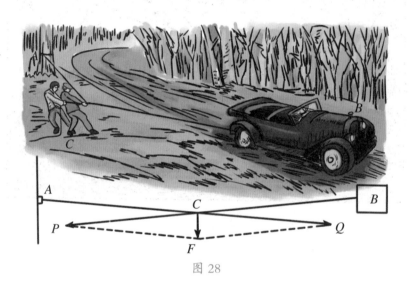

图 28

35 摩擦力与润滑剂

【题】润滑剂是可以减少摩擦力的，那么你知道它大概可以减少多少摩擦力吗？

【解】事实证明，在使用了润滑剂之后，摩擦力仅为原来平均摩擦力的 $\frac{1}{10}$，也就是减少了 $\frac{9}{10}$。

36 掷向空中和沿着冰面滑行的冰块

【题】有两个小冰块，将其中一个掷向空中，而另一个沿着冰面滑行。最终，距离出发点最远的是哪个小冰块（见图29）？

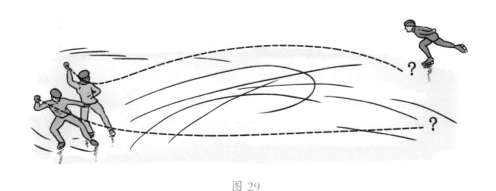

图 29

【解】有些人会认为，在空中飞行的物体要比在冰面滑行的物体滑得更远一些，因为空气的阻力要比冰面的摩擦力小。但是事实却是相反的。因为他们根本就没有考虑到重力的影响，被掷出去的物体在重力的作用下总是趋向地面的，所以该物体不可能被掷得很远。虽然对于人用手将物体掷出去时所施加给物体的速度来说，空气阻力是极其微小的，但是我们为了方便运算，就假设空气的阻力为零。

向真空中扔掷一个物体，物体与水平面形成45°角时，在空中飞行的距离最远。力学教程中已经对这一点做出结论，可以用下面的公式表示物体飞行的距离：

$$L = \frac{v^2}{g}$$

其中初速度用 v 表示，重力加速度用 g 表示。

如果一个物体沿着另一个物体的表面滑行（上述情况是冰块沿着冰面滑行），由于受到阻力的影响，所以该物体的动能会在克服阻力的过程中慢慢地消耗，这里设物体质量为 m，物体重力则为 mg，阻力为 f，动摩擦因素为 μ，冰面滑行距离为 L'。由于物体的动能等于其克服的摩擦力，即 $\frac{1}{2}mv^2=fL'$，而 $f=\mu mg$，所以摩擦力在 L' 所做的功就等于 $\mu mgL'$，由此可得出

$$\frac{1}{2}mv^2=\mu mgL'$$

所以小冰块滑行的距离为

$$L' = \frac{v^2}{2\mu g}$$

冰块与冰面的动摩擦因数等于 0.02，所以

$$L' = \frac{25v^2}{g}$$

同时，在空中的飞行距离等于 $\frac{v^2}{g}$。所以，冰块被掷到冰面上所滑行的距离是在空中飞行距离的 25 倍。

如果小冰块被掷向空中，飞行一段时间落地后能够继续运动，那么这时空中的冰块飞行的距离和冰面上的冰块的滑行距离之间差别就会缩小很多。即使这样，后者的距离还是要远一些。

37 自由落体的路程

【题】在怀表"嘀嗒"一声响的这段时间内，物体从最初静止做自由落体运动，所经过的路程会有多少米？

【解】因为怀表"嘀嗒"一声所用的时间是 0.4 秒，而不是通常认为的一秒钟，通过公式

$$h= \frac{1}{2} gt^2 = \frac{9.8 \times 0.4^2}{2} = 0.784（米）$$

我们可以算出这段时间内物体降落所经过的路程约为 0.8 米。

38 延迟跳伞

【题】跳伞健将艾弗德基莫夫（1934 年世界跳伞运动纪录的保持者）曾经质疑过延迟开伞这个问题。他曾做过一次跳伞记录：在未开伞包的情况下，在 142 秒时间内滑落了 7.9 千米，然后才猛拉开伞环。事实上，这种情况违背了自由落体定律。如果跳伞运动员自由滑落 7.9 千米的路程，那么所耗费的时间是 40 秒而不是 142 秒，这一点是很容易证实的。如果他自由下落了 142 秒，那么滑落的路程应该是 100 千米，而不是 7.9 千米。那么，这对矛盾应该如何解决呢？

【解】可以这样解释这对矛盾：将跳伞过程中未打开伞包时的降落误认为是没有受到空气阻力影响的自由落体了。实际上，这种降落与没有空气阻力情况下的降落是不同的两码事。

我们将延迟开伞降落的情况尽量回想一下，为了便于计算，假设 v 表示一秒钟内物体降落数米的速度，f 表示空气阻力，g 表示重力加速度，k 表示摩擦系数。我们根据实验（综合考虑过多种情况）得出一个近似准确的空气阻力 f 的大小公式：

$$f=0.03v^2（千克）$$

通过公式我们看到，因为阻力与速度的平方是成正比的，所以阻力在随着跳伞运动员下降速度不断增加后，一定会在某个时刻等于物体重量。此时，下降的状态由加速变为匀速，因为这时候的速度不会再增加。

要出现上面的这种情况，就只有跳伞运动员的体重（包括伞包在内）等于 $0.03v^2$ 的时候。假设负重的跳伞运动员重 90 千克，那么会得出这样一个等式：

$$0.03v^2=90$$

$$v \approx 55（米/秒）$$

由此可见，跳伞运动员的速度达到 55 米/秒的时候，就不会加速降落了。接下来他的速度就不会再有增加，这就是他降落时的最大速度了。我们可以再近似准确地计算一下，跳伞运动员要达到这个最大速度需要用多少秒。空气阻力在降落最开始的时候，因为速度还很小，所以可以忽略不计，物体就类似于自由落体，即加速度为 9.8 米/秒^2。在最后一段加速运动路程里，物体保持自由下落状态，加速度减为零。假如我们近似精确地对加速度进行计算，就是

$$\frac{9.8+0}{2}=4.9（米/秒^2）$$

在这个加速度下，速度要达到 55 米/秒所需要的时间就是

$$\frac{55}{4.9}\approx 11（秒）$$

在这个加速度下，物体在 11 秒内所走过的路程

$$s=\frac{at^2}{2}=\frac{4.9\times 11^2}{2}\approx 300（米）$$

现在我们就可以对跳伞健将艾弗德基莫夫降落的真实情况做一下分析：他降落时，在最初的 11 秒内，加速度是逐渐减小的，一直到速度达到 55 米／秒时，这段时间总共走了约 300 米的路程；延迟跳伞以后，他就以 55 米／秒的速度匀速降落。这个匀速运动的时间长度，根据我们的近似精确的运算得出

$$\frac{7900-300}{55} \approx 138（秒）$$

所以整个延时跳伞的时间就是

$$11+138=149（秒）$$

得出的这个时间与实际所用的时间（142 秒）相差不大。

这也是因为我们是建立在一系列简化的假设情况下得出的数据，而这些最初计算出来的数据只能被看作是对实际情况最粗略的反映。

套用一下我们得出的公式和数据可知：如果跳伞运动员总负重为 82 千克，那么他在降落了 425 ~ 460 米时，也即跳下的第 12 秒时，速度是最大的。

39 朝哪个方向扔瓶子

【题】如果要保证一个人从运行的火车车厢中扔出的瓶子在落地瞬间破碎的危险性最小，我们应该把瓶子朝前扔还是朝后扔？

【解】很多人会认为把瓶子向前扔，瓶子在落地时所受到的力会更小一些。因为他们觉得这个跟"从运动着的火车中跳出时，要顺着火车运行的方向朝前跳会更安全些"的例子是一样的道理。

实际上却是：因为瓶子被向后扔出的瞬间所获得的速度并不会受到惯性的影响，所以瓶子接触地面时，速度最小；而把瓶子向前扔时，速度就会变大，与地面的撞击力也会更强。

因此，扔的方向与火车运行的方向是相反的，即把瓶子往后扔。

但是对于人来讲，要想更安全、受到的伤害更小一些的话，还是要向前跳。

40 抛出车外的物体

【题】在火车静止和运动时，分别从车厢内扔出一个物体，这两个物体会在同一时间落地吗？

【解】无论火车是静止的还是运动的，抛出来的物体都会在同一时间落地。因为重力不仅仅是作用于不带初速度的自由降落的物体，还作用于被抛出时（无论哪个方向）带有一定初速度的物体。所以对于这两个物体来说，它们会同时落地，因为降落加速度是一样的。

41 三枚炮弹的路线

【题】如图30所示，在无阻力的情况下，三枚炮弹分别以30°、45°、60°三个角度，从同一地点用同一速度发射，那么在图中所表示的路线是否正确？

【解】根据"只要是从任意两个互余角度发射出来的炮弹，其飞行距离都是一样的"这一论点，可以看出图30是不正确的。因为图中从30°和60°这两个互余角度所发射出的炮弹的飞行距离是不一样的。

在图30中，从45°角度发射出来的炮弹的路线是正确的。它的炮弹距离是最远的。同时从示意图中也能够看出，这段最远的距离是弹道最高点到地面距离的4倍。正确的示意图如图31所示。

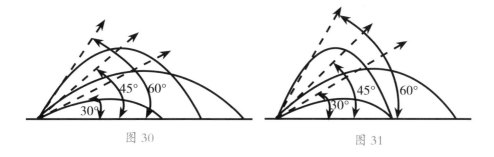

图 30   图 31

42 物体的运动轨迹

【题】将物体与水平面成一定的角度抛出，在无空气阻力的情况下，它会形成一条抛物线吗？

【解】物体在真空中被抛出会沿抛物线运动。这一观点在很多学者的著作中都会被提及。很多人都会相信：抛物线的弧线只是对物体真实弧度的近似描述。不过它只是存在于下述情况之中：物体离地表不远，被掷出去的初速度不大，可以暂时忽略由于重力而减少的速

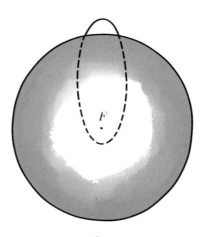

图 32

度。如果物体被抛出去以后在空中的重力保持不变，那么它所走过的路径就是一个严整的弧形。但是根据逆平方定律，在现实条件下，随着距离的减小，吸引力也会减小，被抛出的物体应该符合开普勒第一定律（即沿焦距位于地球中心的椭圆运动，如图 32 所示，真空中，被抛出的物体在重力不变的情况下，它走过的路线是以地球中心 F 点为焦距的椭圆形）。

所以，严格来讲，在真空中，任何与水平面保持着一定角度的物体被抛出去以后是沿着椭圆弧形运动，而不是沿着抛物线弧形运动的。虽然对现代

炮弹速度来讲，两条弹道之间的差异是非常微小的，但是今后的技术还会深入到提速大型液体火箭的层面，那时大气层外的火箭轨道就更无法定义为抛物线了。

43 炮弹的最大速度

【题】炮弹的最大速度出现在炮的哪个位置？炮兵们认为炮弹的最大速度是在炮身之外，即炮弹离开弹槽之后，而不是在炮身里面。这个观点正确吗？

【解】火药气体在炮弹射出弹槽之后，仍然对炮弹施加压力：气体继续推压炮弹向炮管外运动，这个力最初大于空气阻力。因此，在一段时间内炮弹速度还会继续提高。所以只要炮弹后面的火药气体对它施加的压力大于前面的空气阻力，炮弹的速度就会一直增加。只有当气体在自由空间内开始扩散，炮弹所受压力才会减小，并逐渐小于空气阻力。炮弹受到的来自前面的阻力比来自后面的要更大，这时，炮弹的速度就开始减小了。

所以，炮弹是在炮管外运动时，即当炮弹已经射出炮管一段距离之后，而不是在炮管内，获得了自身的最大速度。

44 高空跳水的伤害

【题】如图 33 所示，为什么说高空跳水会对身体造成伤害？

【解】人从比较高的地方向下跳水，会在极短的路程内使降落时积蓄起来的速度骤减到零。这就是高空跳水很危险的主要原因。

例如，如果跳水者从高 10 米的跳台跳入深 1 米的水中，那么他就需要在仅仅 1 米的距离内把他在 10 米路程里自由落体积蓄起来的速度骤减为零。跳水时的负加速度与自由落体时加速度的比值应该是 10：1。因此，在跳水时，跳水者受到的是向下的由重力所产生的压力，它相当于原有压力的 10 倍。也就是说，跳水者的体重好像是重了 10 倍，相当于现在是 700 千克，而不再是 70 千克。在跳水过程中，这样一个重物会给机体造成严重的损伤，即使它只在短时间内起作用。

图 33

　　我们由此可以得出，必须保证游泳池的水足够深，才能够减少跳水带来的负面影响；要想加速度（负）更小些，就要在尽可能长的路程中将他下降过程中积蓄起来的速度散发掉。

小贴士

　　跳水运动的历史非常久远。人类在掌握了游泳技能之后，就开始有了简单的跳水活动。早在公元前 5 世纪，古希腊花瓶上就有描绘一群可爱的小男孩正头朝下作跳水状的图案。我国宋代就已经出现了名为"水秋千"的简单跳水器械。

45　桌沿上的球

　　【题】如图 34 所示，把球放到桌子的边缘，让铅垂线穿过桌子的中心并且与桌面保持严格垂直。假如桌面的摩擦力不存在，那么球在桌面上是运动的还是静止的?

【解】假如不存在摩擦,桌子平面也是完全光滑的,那么球应该是运动的,而且还是从桌沿滑向桌心(见图35)。为什么呢?因为铅垂线是垂直穿过桌面的中心,而桌沿要比桌面中心离地心更远,也可以说是更高(虽然实际上它们两者之间相差并不明显),所以球会从桌沿滑向桌心。但是因为积蓄起来的动能会将球吸引到那个和最开始的点处于同一水平面的点上去,即另一边的桌沿,所以说球并不会就此停下来。然后,球会重新滚回到最初的位置,如此循环往复。如图36所示,简单概括来说就是,把球放在完全光滑的桌面边沿,它会无休止地运动(前提是桌面没有摩擦力和空气阻力的存在)。

一个美国人想通过上面这个原理发明出永动的东西来。如图37所示,

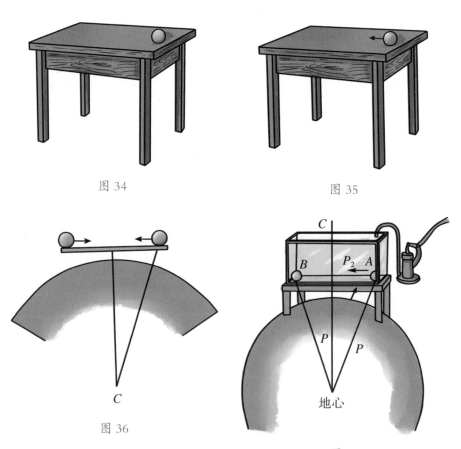

图 34

图 35

图 36

图 37

是根据上述原理设计出的永动机图解，理论上来说他的方案是完全正确，而且永动也是完全可行的，前提是发明出的这个东西能够摆脱摩擦力的影响。

我们认真思考一下，似乎有一个更简单的方法也可以实现永动，即借助于绳上晃动的重物：这个重物在不考虑支点上面的摩擦力及空气阻力的情况下，就能够永久地晃动。

下面我们再来看一下一个具有借鉴意义的反方观点。提出这一观点的是一名读者。他解释说，我们认为在球体表面太阳光线是聚焦的，这是从几何角度来看的；而从物理角度来说，我们认为这些光线是平行的。同理，在我们的实验中，从几何角度来看，两条同时穿过地球相距为 1 米的铅垂线是穿过了地心，但是从物理上来看是平行的。而从物理上来说，吸引球从桌沿向桌中心运动的力是等于零的；所以不可能观察到任何滚动。即他认为我们的论述是混淆了几何和物理这两个角度的问题。

反方的观点是不正确的。下面我们做一下计算：假如桌长 1 米，推动球体从桌沿滚动起来的力的大小约为球体重量的 $\dfrac{1}{10\ 000\ 000}$；两条铅垂线之间相距 1 米穿过地球，它们之间构成了一个角度，这个角度与指向那些点的太阳光线角的比值是 23 000：1。完全不考虑阻力的情况下（即在实验室条件下），无论物体的质量有多大，要推动该物体运动也只需要付出一个非常小的力就能够做到。何况出现在上面的情况中的那个力并不小：它类似于一个能引发海潮的力；即使是考虑阻力（即现实情况下），很明显地，后一个力也能够发挥出它的作用。

小贴士

巴黎天文台曾经在支点摩擦力最小的情况下，做过一个真空摆锤实验：摆锤晃动了 30 个小时。人们感兴趣的是，挂在伊萨基耶夫教堂上 98 米高的摆锤是如何慢慢停下来的。最初 12 米的摆幅经过 3 小时后会减小为原来的 $\dfrac{1}{10}$。开始观察 6 小时后，摆幅又会缩减为 6 厘米，开始观察 12 小时后，肉眼基本就看不出摆幅了。

46 坡面上的滑动

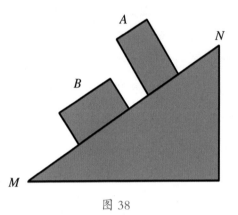

图 38

【题】坡面上，在克服摩擦的前提下，处于 *B* 状态中的方木沿着坡面 *MN* 滑动（如图 38）。那么，如果在没有外力推动的情况下，将方木置于 *A* 状态下，它是否还能够滑动？

【解】处于 *A* 状态下，方木也是可以滑动的。有些人会认为，方木处于 *A* 状态时对支撑面施加了更大的单位压力，从而受到了更大的摩擦力。这种理解是错误的。因为摩擦力的大小与其所接触表面的大小是不成正比关系的。所以，只要方木在 *B* 状态下能够克服摩擦而滑动，那么它在 *A* 状态下也就能够滑动。

47 两只滚动的球

【题】（1）如图 39 所示，两只球同时从 *A* 点开始运动：一只沿着竖直线 *AB* 自由落体，另一只沿着坡面 *AC* 滚动。其中，*A* 点与水平地面的高度为 *h*。那么这两只球所获得的平移速度会是一样大吗？

（2）如图 40 所示，一只球沿着坡面滚动，另一只球沿着两片平行的三角木板滚动。上述两种情况中，球是一模一样的，坡面的倾斜度以及运动的高度也都是一样的。两只球会同时到达坡面的底端吗？

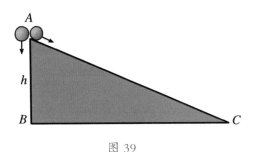

图 39

【解】（1）在解决这个问题之前，我们必须要弄明白：从 A 点竖直落下的球是只做平移运动的，但是另一只沿着平面滚动的球除了做平移运动以外，还会做旋转运动。而许多人则会常常误以为：沿着平面滚动的球只做平移运动——甚至一些中学的教科书上也会出现这种纰漏。

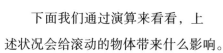

图 40

下面我们通过演算来看看，上述状况会给滚动的物体带来什么影响。

在垂直下落时，斜坡上的球的势能全部转化为平移运动的能量，我们用 p 表示球的重力，m 表示球的质量，g 表示重力加速度，v 表示球的速度，得出公式

$$ph=\frac{mv^2}{2}$$

用球的质量和重力加速度的乘积代替球的重力，得到等式

$$mgh=\frac{mv^2}{2}$$

最后得出该球的速度为

$$v=\sqrt{2gh}$$

我们再来演算一下沿着坡面滚动的球的速度。因为这个球除了做平移运动，还做旋转移动，我们用 v_1 表示平移速度，用 ω 表示旋转运动的角速度，

用 k 表示惯性力矩。此时，斜坡上的球的势能 ph 就转化为两个动能之和：一个是速度为 v_1 的平移运动能量，另一个则是角速度为 ω 的旋转运动的能量。

平移运动的能量就等于 $\dfrac{mv_1^2}{2}$。

旋转运动的能量等于球体惯性力矩的一半乘以球的角速度的平方，即 $\dfrac{k\omega^2}{2}$。

最后得到等式

$$ph = \frac{mv_1^2}{2} + \frac{k\omega^2}{2}$$

我们根据力学教材可以知道，相对于通过中心的中轴线来说，半径为 r、质量为 m 的均质球体的惯性力矩 k 就等于 $\dfrac{2}{5}mr^2$。从而我们可以算出，这个平移速度是 v_1 的球的角速度 ω 等于 $\dfrac{v_1}{r}$。所以，旋转运动的能量就是

$$\frac{k\omega^2}{2} = \frac{1}{2} \times \frac{2}{5}mr^2 \cdot \frac{v_1^2}{r^2} = \frac{mv_1^2}{5}$$

另外，用球的质量和重力加速度的乘积代替等式中球的重力 p，那么

$$mgh = \frac{mv_1^2}{2} + \frac{mv_1^2}{5}$$

简化得出

$$gh = 0.7v_1^2$$

从而得出平移速度为

$$v_1 = \sqrt{2gh} \times \sqrt{\frac{5}{7}} = 0.84\sqrt{2gh}$$

把得出来的这个速度与竖直降落的最后的速度（$v = \sqrt{2gh}$）相比较，我们可以看出这两者之间存在着很大的差异。将滚动的球（无论半径和质量）与从此高度自由落体的球做对比，前者的速度在路径的末端或任何一点上比后者的速度都要小 16%。

所以很容易就能确定:在路径的任何一点上,沿着坡面滚动的球同沿着从同一高度上平面滑行的物体相比来说,前者的速度都比后者的速度小16%。

在不考虑摩擦力的情况下,滑动的球会比滚动的球少用16%的时间到达坡底。对于竖直下落的物体来说也是这样:它比滚动的球要早到坡底(时间少用16%)。

对物理史有所了解的人都知道:伽利略的物体落体定律就是通过将球放到坡槽(长度约为6米,高度为0.5~1.5米,见图41)中做实验论证得出的。而伽利略之所以能够借助坡槽正确地得出物体落体定律,就是因为:在平移运动中滚动的球的加速度是不发生变化的,是由于它的速度在坡槽的每个点上都是同一水平面上竖直下

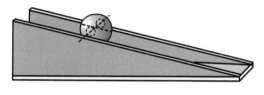

图 41

降球体速度的0.84。所经过的路程和时间之间的关系同自由降落的物体是一样的。

伽利略在其书中就这样写道: "我发现,如果把球体放入原槽长四分之一的槽内,那么所耗费的时间正好等于原来时间的一半……重复实验一百次,我发现所经过的路程之间的比总是时间比的平方。"

(2)首先我们看到,因为两个球体的质量相等,并且它们也是从同一高度向下落的,所以球体最初的势能是一样的。此外,还应该指出的是,沿着平面滚动的球与在木板间运动的球相比,后者碾出的圆圈形的半径要比前者小($r_2 < r_1$)。

对于沿平面滚动的球来说,同第一个问题一样,我们可以得出相同的结论:

$$ph = \frac{mv_1^2}{2} + \frac{k\omega_1^2}{2}$$

对于在木板间运动的球来说

$$ph = \frac{mv_2^2}{2} + \frac{k\omega_2^2}{2}$$

代入

$$\omega_1 = \frac{v_1}{r};\ \omega_2 = \frac{v_2}{r}$$

得出

$$\frac{mv_1^2}{2} + \frac{kv_1^2}{2r_1^2} = \frac{mv_2^2}{2} + \frac{kv_2^2}{2r_2^2}$$

然后算出

$$v_1^2\left(\frac{m}{2} + \frac{k}{2r_1^2}\right) = v_2^2\left(\frac{m}{2} + \frac{k}{2r_2^2}\right)$$

$$\frac{v_1^2}{v_2^2} = \frac{\dfrac{m}{2} + \dfrac{k}{2r_2^2}}{\dfrac{m}{2} + \dfrac{k}{2r_1^2}}$$

可知右边分数的分子要大于分母，因为我们前面已知 $r_2 < r_1$，进而得出 $v_1 > v_2$；所以，沿平面运动的球的速度比在木板间运动的球的速度要快，而且也更早到达坡底。

48 分辨不同材质圆柱体的方法

【题】两个圆柱体，一个是纯铝制的，另一个外壳是铅制的，中心部分用软木填充。同时它们的重量和外表完全相同。现在，将两个圆柱体分别用纸严密地包裹起来。

试问：我们用什么样的方法才能将这两个不同材质的圆柱体分辨出来？

【解】很久之前就出现了这样的问题。这个问题在奥扎纳姆的《数理娱乐》这本书中还曾被这样提出过：

假设有两只球：一只是纯金的，另一只是镀金的银质实心球，两只球的大小和重量完全相等，请问，可以将金银球区分开来吗？

奥扎纳姆认为是存在着区分这两只球的方法的，虽然古代数学难题的出题人都觉得不可能解决这个问题。他在书中提到："我在铜板上凿一个圆形窟窿，让两只球都能够很容易紧密地陷在其中。然后我用高于沸水的温度来分别加热两只球。由于银比金更容易膨胀，我就观察，看看哪只球的膨胀力更大些，能够先挤开这个窟窿，那么它就是银球。"

很明显，虽然这种方法理论上是正确的，但是却不适用我们所要解决的纸包裹起来的圆柱问题。不过我们也可以利用相同的原理来解决这个问题。

我们要解决这个问题的思路就来源于上个问题的分析。最简单的办法就是利用两者惯性力矩的差异去辨别圆柱。因为混合质地的圆柱的大部分质量都集中在外缘上，所以它和均质铝制圆柱的惯性是不同的。根据这一点我们就可以发现，如果让两只圆柱同时从斜坡上滚落下来，它们的平移运动速度是有差别的。

利用力学原理，均质圆柱的惯性力矩k相对于纵轴来说就等于

$$k = \frac{mr^2}{2}$$

相对于均质圆柱计算的简单，非均质圆柱运算就要复杂一些。首先，我们要将软木圆柱部分的质量和半径计算出来。将所求半径用x表示，整只圆柱的半径仍然是r，圆柱高度用h表示，材料的密度需要特别指出，分别是

软木·······0.2克/立方厘米

铅··········11.3克/立方厘米

铝··········2.7克/立方厘米

由此等式为

$$0.2\pi x^2 h + 11.3(\pi r^2 - \pi x^2)h = 2.7\pi r^2 h$$

等式表明，非均质圆柱的铅壳部分和软木圆柱部分的质量之和等于铝制圆柱的质量。简化后，我们得到的等式就是

$$11.1x^2 = 8.6r^2$$

所以

$$x^2 = 0.77r^2$$

所以混合圆柱软木部分的质量等于

$$0.2\pi x^2 h \approx 0.2\pi 0.77r^2 h \approx 0.154\pi r^2 h$$

铅壳部分的质量等于

$$2.7\pi r^2 h - 0.154\pi r^2 h = 2.546\pi r^2 h$$

由此可知，两者分别占总质量的比例如下：

铅壳部分　　6%

软木部分　　94%

然后将混合圆柱的惯性力矩 k_1 计算出来：它等于铅壳部分和软木部分的力矩之和。

质量为 $0.94m$（m 是铝制圆柱的质量）、半径为 x 和 r 的铅圆柱壳的惯性力矩就等于

$$0.94m \times \frac{x^2+r^2}{2} \approx 0.94m \times \frac{0.77r^2+r^2}{2} \approx 0.832mr^2$$

质量为 $0.06m$、半径为 x 的软木圆柱的惯性力矩就等于

$$0.06m \times \frac{0.77r^2}{2} \approx 0.0231mr^2$$

所以，混合圆柱的惯性力矩 k_1 就等于

$$k_1 = 0.832mr^2 + 0.0231mr^2 \approx 0.86mr^2$$

我们一样会得到滚动的圆柱的平移运动速度，和前面那个关于球体的问题是相同的。因此，均质圆柱的平移运动速度等式就是

$$mgh = \frac{mv_1^2}{2} + \frac{mv_1^2}{4}$$

又或是

$$gh = \frac{3v_1^2}{4}$$

所以

$$v_1 \approx 0.8\sqrt{2gh}$$

最后得出，非均质圆柱的平移运动速度就是

$$mgh = \frac{mv_2^2}{2} + \frac{0.86mr^2 \times v_2^2}{2r^2}$$

又或是

$$gh \approx 0.5v_2^2 + 0.43v_2^2 = 0.93v_2^2$$

所以

$$v_2 \approx 0.73\sqrt{2gh}$$

我们尝试着比较这两个速度：

$$v_1 \approx 0.8\sqrt{2gh} \text{和} v_2 \approx 0.73\sqrt{2gh}$$

从中我们可以看出，混合圆柱比均质圆柱的平移速度小9%。依据这个结果，我们就知道与混合圆柱相比，铝制圆柱要更早地滚到坡底。

换一个问题，如果混合圆柱的铅集中在中心，而铅芯是被软木从外向内包裹着，那么，聪明的你能够分析出此时更早滚到坡底的是哪个圆柱吗？

49 天平上的沙漏

【题】如图42所示，在高精度天平的托盘上放入一个沙漏，这个沙漏每5分钟就需要上一次"发条"，并用砝码将其称重。假如将沙漏倒置过来，那么天平在5分钟内会发生的变化是上扬还是下降？

【解】人们会认为，在沙漏倒置过来的5分钟内，盛有沙漏的托盘要轻些，而且会向上扬起。因为滴漏时还没有接触到容器底面的沙粒，不会对容器底面施加压力。

但是通过实验，我们却看到这样一个结果：只有在最初的瞬间，盛有沙

图 42

漏的托盘会向上晃动一下，然后天平在接下来的 5 分钟内都保持着平衡状态。直到最后一刻，盛有沙漏的托盘开始向下沉，最后，天平重新回到平衡的状态。

为什么天平会在 5 分钟内一直保持平衡状态？首先，我们分析出在每秒钟内，到达容器底端的沙粒有多少，依赖于离开沙漏瓶颈的沙粒会有多少。（思考一下，如果到达容器底端的沙粒要比离开瓶颈的沙粒多，那么那些多出来的沙粒是从哪里来的呢？反过来，缺损的沙粒又消失到哪里去了？）即沙粒在每秒钟内落到容器底部是"失重"的状态。根据处于失重状态下的沙粒落到容器底部的运动规律，我们假设 h 是沙粒降落的高度，g 是重力加速度，t 是降落的时间，得出等式

$$h = \frac{gt^2}{2}$$

进而得

$$t = \sqrt{\frac{2h}{g}}$$

沙粒在这段时间内并没有给天平托盘施加压力。那么，在 t 秒钟内该托盘的重量减去沙粒的重量的差与 t 秒钟内作用在天平托盘上的一个向上的力

（即等于沙粒的重量 p ）的大小是相等的。根据这个力的冲击力，我们来计算这个力的作用大小为

$$J=pt=mg\sqrt{\frac{2h}{g}}=m\sqrt{2gh}$$

同样，一粒沙在这个时间段里滴漏到容器底部的速度 $v=\sqrt{2gh}$ 。这个滴漏的冲击力 J_1 与沙粒运动的数量 mv 是相等的，即

$$J_1=mv=m\sqrt{2gh}$$

所以我们可以看出，$J=J_1$，两个冲击力的大小是相同的。天平托盘受到不同方向上大小相等的作用力就会保持平衡。

在 5 分钟的第一秒时，失重的部分沙粒已经离开了容器顶部，但是在容器的底部还没有任何沙粒到达，这时，盛有沙漏的托盘就会上扬;而在接近 5 分钟时，在容器顶部所有的沙粒都已经离开，新的失重的沙粒已经没有了，而容器下部还发生着滴漏现象，这时盛有沙漏的托盘就会下沉。

所以只有在 5 分钟时间内的第一秒和最后一秒，高精度天平的平衡状态才会被打破，而其余时间托盘依然保持着平衡状态。

注　释

①沙漏，又称"沙钟"，是我国古代一种计量时间的仪器。沙漏很早就在中国出现了，据《隋志》记载："漏刻之制，盖始于黄帝。"世界上最著名的沙漏是詹希元于 1360 年创制的"五轮沙漏"。

50 漫画中的力学

【题】如图 43 所示，人向上爬时，滑轮另一边装满英镑的钱袋会向下移动，是这样吗? 其中所展现的漫画是有力学依据的，那么图中应用的力学

原理是正确的还是错误的？

【解】牛津大学力学教授、儿童科普读物《艾丽丝梦游奇境》的作者刘易斯·卡洛尔曾提出过著名的"猴子"问题。而我们这个问题就是他所提问题的一个衍生。如图 44 所示，卡洛尔向我们展示出了这样一幅画，并提问：重物在猴子开始沿着绳子向上爬时会朝向什么方向移动？

有的人说，重物会在猴子沿绳子向上爬时掉下来；还有的人说，猴子沿绳子向上爬时对重物不会造成任何作用；只有少数人说，猴子向上移动时，重物也会随之向上移动。正确的答案是最后一个[1]，即猴子或人的向上运动不会让砝码向下移动，而应该会向上移动。由此我们可以得出：当人沿着滑轮上垂下来的绳子向上爬时，人手中的绳子应该会向相反的方向运动，也就是向下运动（我们可以与第 24 个问题比较一下，即人沿着热气球上垂落下来的梯子攀爬）。但是在这种情况下，即绳子沿着滑轮从左到右运动时，重物就会被拉上去，这时就是向上运动了。

图 43

图 44

所以我们可以得出结论：漫画中的人在沿着绳子向上爬时，重物即装满英镑的钱袋不会向下运动，而是向上运动。

注 释

① 这里的前提是忽略摩擦力。在摩擦力较大的情况下，砝码可能不会向上移动。此外，还需要设定砝码和猴子的质量是相等的。

51 滑轮上的重物

【题】如图 45 所示，弹簧秤下面挂着一个滑轮，滑轮上面悬挂着一根末端附有重物的绳子，已知两端的重物分别是 1 千克和 2 千克，那么最终哪个重物的重量会显示在弹簧秤上面？

【解】弹簧秤上面显示的重量既不是 1 千克，也不是 2 千克。下面我们就来分析一下：首先我们可以看到，重 2 千克的物体会从弹簧秤上下滑。因为这里的运动力等于（2-1）千克，也就是 1 千克；由它产生的运动的质量则为 1+2=3（千克），所以它的加速度并不是自由落体的加速度 g，而是比 g 要小一些，即缓慢降落物体的加速度 a 将是自由落体加速度的 $\frac{1}{3}$：

$$a = \frac{1}{3} g$$

这样我们通过运动物体的加速度和它的质量就可以算出这个运动的力 F 的大小：

图 45

$$F=ma=m \times \frac{1}{3}g=\frac{1}{3}p$$

算式中，p 表示的是重物的质量，也就是 2 千克。换言之，重 $\frac{2}{3}$ 千克的力将重 2 千克的重物拽下。为什么不是整个 2 千克的重量的力去拉动这个重物呢？显而易见，就是（$2-\frac{2}{3}$）千克，即 $\frac{4}{3}$ 千克的力（这个力还是绳拉力）向上牵引砝码。所以，挂在滑轮上的绳每端的拉力就是 $\frac{4}{3}$ 千克。换言之就是滑轮被两个均为 $\frac{4}{3}$ 千克的平行的力所作用。那么它们之和就是合力：

$$\frac{4}{3}（千克）+\frac{4}{3}（千克）=\frac{8}{3}（千克）$$

所以最后得出，弹簧秤显示的指数就是 $2\frac{2}{3}$ 千克，而不是 1 千克或是 2 千克中的一个。

52 圆锥体的重心

【题】如图 46 所示，将被截断的以其底面为支撑的纯铁质圆锥体倒置后，其重心会不会发生转移？若发生转移，则转移到什么位置？

【解】重心的特性是这样解释的：它的位置不会随着相对铅垂线物体本身位置的改变而发生改变，它的位置只能由物体质量的分布来决定。所以即使是将圆锥体倒置，它的重心也不会发生任何改变。

图 46

53 自由落体的电梯内的实验

【题】如图47所示，电梯内有一秤盘，当你正站在其上时，缆绳突然断裂，电梯舱开始以自由落体的速度下降。

（1）在电梯下降过程中，秤盘的数字会出现什么变化？

（2）这时，水会从倒置的开口的罐子里流出来吗？

【解】电梯舱在自由落体时，该舱内所有悬挂着的物体都会以它们支点的速度下降；而所有立着的物体都会以它们底座的速度下降；所以，前者不会给支点施加压力，后者也不会对其底座施加压力。换句话说，这些物体类似于失重的物体。自由存在于空间内的物体也开始失重：降落的物

图 47

体会停留在刚从手中滑落下的那个位置，而不会掉到地面上。和物体同时降落的还有舱室本身，而这两者降落的速度是一样的，所以物体不会贴近舱室的地面。简而言之，自由降落的电梯舱内的空间是一个特别的小地方，它的性质十分独特。在降落的舱室内我们获得了一个失去重力的空间，平常情况下，重力的存在会影响到实验的进展，所以这个空间对于进行物理实验的物体来说，会是一个极好的实验室。

通过上面的论述，我们也就知道了两个问题的答案。

（1）下降过程中，因为该物体完全不会对秤施加压力，所以秤盘的指针会停留在零上。

（2）此时，倒置的开口的罐子中的水不会流出来。

只要该舱是位于引力场内并且进行惯性运动，那么上述现象就会出现。所以不仅仅是在下降的舱内，在自由向上运动的舱内也存在这种现象。无论是舱室本身，还是舱内的物体，既然所有物体降落时的加速度是相等的，那么重力赋予它们的加速度也是一样的；就它们位置的相互关系而言也不会产生变化，同样即使不受重力影响的舱内物体也是这样的。

在技术领域有时也会碰巧发生上述现象。比如杰伦教授的《技术物理教程》和基尔皮切夫的《力学漫谈》中都有实例可见。下面我们就用基尔皮切夫书中的观点来论证一下。

升降机安全钳。将矿井中的人吊出井外的升降机通常都会配备安全钳，即防备起重绳索断裂的辅助装置，它一端固定在井壁的木桩上，另一端吊着载人的吊斗，保证吊斗不会从高处落下。我们来尝试制作安全钳，如图48所示。

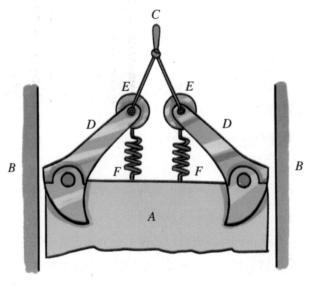

图 48

A是吊斗，里面站着几个正处于上升状态的人；B是位于矿井附近的木桩；C是起重绳索。该绳并不是直接固定在吊斗的上方，而是借助了拉杆D，该拉杆的支撑点固定在吊斗顶部。上升时，绳索受力；因此拉杆就会处于倾斜状态下（如图49所示），不会碰到木桩B，也就不会影响吊斗向上运动了。当起重绳索断裂时，拉杆会处于水平状态，猛地撞击到木桩上，齿轮会紧紧地卡住木桩。此时的吊斗就会被挂在木桩上，人也就不会遭遇不幸了。

尝试给拉杆制作出转折点，即在拉杆末端分别安放两个平衡锤E。这两个平衡锤根本没有益处。绳索断裂时，吊斗开始做自由落体运动，此时平衡锤E丧失了向下的功能，相反会用更大的力拧动拉杆。这样，即使平衡锤很重也无补于事，应该安放弹簧或者板簧F取而代之。

54 向上加速落体运动

【题】假设在两块支架槽内的木板 A 能够垂直向下滑动，而且在木板上面还有其他物件附着，如图 49 所示。

（1）将两端固定在木板上面的项链 a；

（2）容易偏离平衡位置的摆锤 b；

（3）固定在木板上的盛有水的开口细颈小瓶 c。

请问：上述物件在木板 A 开始以加速度 g_1（大于自由落体的加速度 g）向下滑动时会出现什么样的变化？

【解】结果如图 50 所示。

（1）当 A 向下运动时，项链会向上凸起。因为后者的加速度 $g<g_1$，所以项链两端被固定的点向下运动的速度要比链珠的运动速度快，即中间的链珠速度要慢于两端。这样在向上的加速度之差 g_1-g 的作用下，项链会向上凸起。也就是说，项链的加速度为 g_1-g，它看起来似乎会"向上落体"。

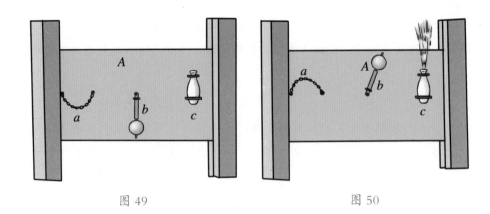

| 图 49 | 图 50 |

（2）同上，摆锤会在垂直位置附近进行向上摆动。我们通过公式可以将时间t计算出来（设摆锤的长度用l表示）：

$$t=\pi\sqrt{\frac{l}{g_1-g}}$$

（3）通过实验可知，水会从瓶中洒出来，且方向是朝上的。为什么会这样呢？原因就是瓶内的水下降的速度要比细颈小瓶的慢，所以瓶中的水会马上流出瓶外，位置就是在瓶口上方。

借助自己发明的精密仪器，波斯别洛夫教授曾经做过类似的实验。"该装置垂直向下运动，且它的加速度要比自由落体加速度大。"教授曾在小册子中描述过该仪器。我们从中就可以得知该装置的示意图，如图51所示，具体描述如下。

沿着竖直方向上绷直的金属丝框M进行滑动，而在框M的槽口内的木板A也能滑动。我们所关注的向上的

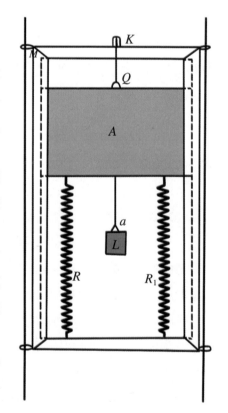

图 51

加速运动的装置正是这里的木板 A。两根弹簧 R 和 R_1 将木板 A 向下固定在框上，必须拉长两根弹簧才能抬高框 M 中的木板 A；这就需要在吊钩 a 上固定住细绳上的重物 L，并让其穿过滑轮 K。

木板位于框 M 的上部时，木板和框是处于静止状态的。为什么重物 L 在将框放下自由落体时，就不再拉伸弹簧了？因为这时弹簧会压缩在一起，吸引框 M 中的木板 A 向下运动，与框相比（它已经有一个自由落体加速度了）给木板 A 一个额外的加速度。

有几个用于实验的独立装置被固定在木板 A 上面。

因为在这个装置中比 g 大的加速度多出来的那部分不超过 0.9 米 / 秒 ^{2}，即 $0.1g$。因为超过的并不大，所以倒置的摆锤应该摆动得相当慢。

55 水杯中的茶叶与弯曲的河道

【题】将茶杯中的茶用茶匙搅动，随后取出茶匙，我们会看到茶叶从杯底冒上杯沿并逐渐涌向杯心，那为什么会出现这种现象呢？

【解】图 52 是爱因斯坦论文中关于茶杯中旋涡的研究的示意图，因为杯底的摩擦力阻止了下层水面的流动，所以茶叶会涌向杯底的中心。因此上层水面的离心力（该离心力使得液体粒子远离旋转中心运动）相对于下层水面来说作用更明显。相对于底部，顶部就有更多的水从中心流向杯壁，那么会有更多的水集聚在底部中心。我们会发现，最后旋涡运动会在杯中产生，从杯心到杯沿是顶部该运动的方向；而从杯沿到杯心则是底部该运动的方向。所以，会有一股涌向杯心的水流存在于

图 52

杯底：吸引杯壁附近的茶叶流向杯心的这股水流会沿着轴心将茶叶送到某个高度上。

也会有类似的现象发生在更为宏观的领域里，比如河道弯曲的地方。图53是爱因斯坦论文中关于弯曲河道中水旋涡运动的研究的示意图。根据爱因斯坦提出的著名理论，河流的弯曲度由于这种现象的存在会不断加强（形成所谓的回纹）。该图通过借鉴爱因斯坦的《河道回纹（河曲）的原因》这篇文章解释了两种现象之间的关系。

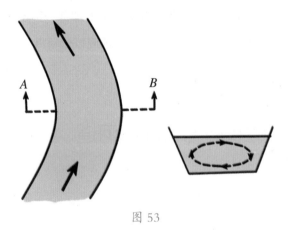

图 53

56 秋千中的力学原理

【题】如图54所示，人站在秋千上，要想增加秋千的摆动幅度，可以通过一些肢体运动实现。那么这个观点是否正确，秋千中隐藏着怎样的力学原理？

【解】这个观点确实是正确的。我们站在秋千板上，要想逐步增大摆动的幅度可以借助适当的肢体运动，以达到我们想要的任何高度。对此，应该做到下面的两点。

图 54

（1）位于最高点时，保持蹲下来的这种姿势，直到秋千荡到最低点也就是秋千的绳垂直指向地面时再站起来。

（2）位于最低点时，保持身体伸直这种姿势，直到秋千荡到最高点时再俯下身去。

简单来说就是：在木板摆动的一个轮回中，做"向下时蹲下去"和"向上时站起来"这两种肢体运动。

上述方法从力学角度来说是合理的。因为在性质上，秋千类似于一只人体摆锤。在秋千上当人蹲下时，他使摆动中物体的重心放低；而当人站起来时，物体的重心又被他抬高。所以，摆锤在每个摆动轮回中交替着两次变化，它的摆长时而增大，时而减小。

那么长度发生变化的摆锤会如何摆动呢？

如图 55 所示，假设 AB 是摆锤，AB' 是它处于竖直状态的时候，AC' 是它的最短距离。既然摆锤上的重物降落的高度为 DB'，那么它应该在最远的路程内用其所集聚的动能总量将这个重物送到相同的高度。因为上升时的功不是由积聚的能量产生的，因此，这个总能量在重物从点 B' 升到点 C' 时没有减少。所以，由点 C' 运动到 AC 位置的重物在铅垂线的带动下上升时多出

来的长度应该是 $C'H$，且等于 $B'D$。从而我们发现，最初的角 a 比摆锤线偏离时产生的新的角 b 要小。

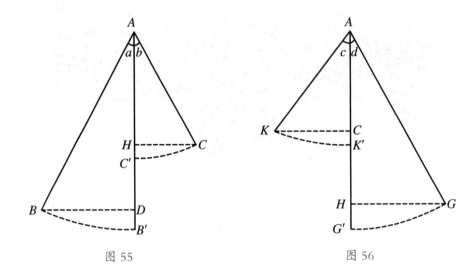

图 55   图 56

$$DB'=AB'-AD=AB-AB\cos a =AB(1-\cos a)$$

$$HC'=AC'-AH=AC-AC\cos b =AC(1-\cos b)$$

因为 $DB'=HC'$，所以

$$AB(1-\cos a)=AC(1-\cos b)$$

那么

$$\frac{1-\cos a}{1-\cos b}=\frac{AC}{AB}$$

通过变换表达式 $1-\cos a$ 和 $1-\cos b$，可得出

$$\frac{AC}{AB}=\frac{1-\cos a}{1-\cos b}=\frac{2\sin^2\frac{a}{2}}{2\sin^2\frac{b}{2}}=\left|\frac{\sin\frac{a}{2}}{\sin\frac{b}{2}}\right|^2$$

因为 $AC<AB$，所以

$$\sin\frac{a}{2}<\sin\frac{b}{2}$$

而因为两个角都是锐角，所以 $a<b$。

所以，从竖直方向上摆锤线（和秋千绳）偏离出去的距离要比最初偏离的距离远。这就是人在木板向上运动时站起来对秋千施加的作用力的结果。

如图 56 所示，我们再观察一下摆锤上重物的最高点到最低点，即方向的运动。需要注意的是此时摆锤的长度是增加了的：从点 C 降落到点 G。当摆锤从位置 AG 运动到 AG' 时，下降的高度为 HG'，此时在摆锤最远的运动中获得的势能总量应该将重物送到相等的高度。但是既然重物在位置 AG' 上，从 G' 升到 K'，那么摆锤在最远的运动中会运动的角度就是 c，这个角比角 b 要大，原因前面我们已经讨论过了。所以可得出 $c>b>a$。

从上述方法我们可以看出，摆锤每摆动一次，其摆锤线和秋千绳索偏离的角度就会增加，甚至可能会逐步达到理想的高度。

同样，依靠另一种肢体运动借助这种方法就可以将秋千"刹住"，甚至最后让它完全停下来。

在《理论物理》这本书中，作者埃亨瓦利德教授描述了一个简单的不用借助秋千就可以验证上述观点的实验。如图 57 所示，"把重物 M 拴在穿过静止吊环 O 的绳子上。我们可以让绳子的另一端 A 向左向右运动，从而周期性地变化摆锤的长度 OM，如果 A 端的运动频率是摆锤频率的两倍，而且取得了合适的运动相位，那么就可以非常快速地拨动摆锤了。"埃亨瓦利德在书中这样写道。

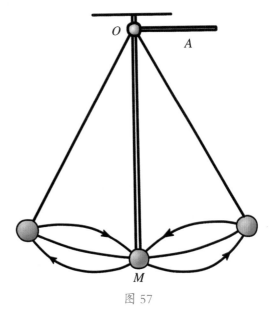

图 57

57 引力的悖论

【题】天体的质量不但比地球物体大许多倍，而且各个物体之间的距离也是地球的许多倍。由于引力的大小直接与质量的乘积成正比，但是同距离的平方成反比，因此在现实中，我们可以很明显地感知到引力在宇宙中的作用力，但是我们却没有发现地球物体之间存在引力，你知道这是为什么吗？

【解】如果说天体间的距离足够大，尽管天体之间的极大距离会在很大程度上削弱它们之间的相互吸引力，但是这些天体的质量之大也是难以想象的。

因为引力同被吸引物体的质量的乘积成正比，而物体的质量应该同它的体积成正比，即同物体长度的平方成正比，所以可得出该引力就同物体长度的六次方成正比。因此假如物体长度和它们之间的相互压力增加n倍，那么引力增加的倍数也为

$$\frac{n^6}{n^2} = n^4$$

通过上面的分析我们就可以很清楚地明白，相距很远但质量更大的天体之间的引力要比相距较近但质量很小的天体之间的引力大得多的原因了。我们习惯性地忽略天体的质量大小，但是即使是火星的卫星或者小行星等这些在天文学上被称为"微小"的天体，其质量在日常范围内都是巨大的。所以即使假设太阳系减小到原来的一百万分之一，那么太阳系中物体之间的引力也还有原来的一千万亿分之一（$\frac{1}{10^{24}}$）。

在所有熟悉的小行星中，最微型的行星的体积约为10立方千米。假设物质的密度与水的相同，那么体积为1立方千米的物质的质量有多大？也许我们想象不到，但可以通过计算得出：1立方千米=10^{15}立方厘米；这么多水的

质量是10^{15}克，也就是10亿吨！这些天体不但密度常常比水还要大，而且还包括着数亿和十数亿个立方千米的物质。

因为引力取决于巨大质量的乘积，所以即便是有很大的距离，它也不会减少到很小的程度。两个人之间相距为1米时候的引力只有0.03毫克，而两艘轮船之间相距为1千米时候的引力是4克，但是距离很远的地球和月亮之间的相互引力却可以达到20 000 000 000 000 000吨。当然，0.03毫克不能克服人的摩擦力，4克也不能克服水对轮船运动形成的阻力（见图58）。

图 58

所以对于地球表面物体相互作用来说，虽然这个引力并不会明显地表现出来，但是同时还是会吸引着太阳和行星体相互靠近。

下面列举一例有关引力的反常现象：半人马座阿尔法三星系统（离太阳最近的一个恒星系统）和地球之间的距离是和太阳之间距离的275 000倍。由此计算出1 000 000 000吨这么一个庞大的数字来表示该恒星系统对地球的吸引力。但是因为不但地球的质量很大，而且每年也只会向半人马座阿尔法系统靠近100米，所以虽然处于上述力的作用下，我们的星球却好像仍然没有觉察到这么强大的影响力。地球在太阳系中的相对位置并不会就此改变，因为同样太阳和其他星体也会被上面的星系带动起来转动。太阳系是一个行星家族，它在宇宙中运行时会受到所有星体引力的合力作用，所以半人马座阿尔法星系并不是唯一吸引太阳系的星系。

关于引力也存在着一些普遍的学术偏见。比如有些人会认为两个物体之间的相互引力是一个指向连接两者质量中心的直线的力。这种观点并不是在任何情况下都是对的，而只有在相互作用的物体是均质球体或者其外壳是均质的时候才是正确的。一旦物体的形状发生变化，那么上述定理就不再适用了。对于非球状的物体来说，引力和质量的正比例关系定律以及引力和质量中心之间距离的平方的反比例关系定律这两条定律就不再适用了。下面援引一下齐奥科夫斯基《天地幻想》一书中的例子：

假设两个平行的面之间有块无边际的木板，这个无限大的物体的吸引力也是无限大的，然而这种假设终究只是假设——没有这样的木板。吸引力同木板的厚度和密度基本没有关系；无论在离这块木板多远的位置上，引力总是同木板保持垂直。

如果将地球压缩成一个圆盘，盘的厚度越薄，那么它产生的引力就越小。

有时，质量大不会对物体造成任何引力。比如，一个内壁被压缩过的空心球或者空心管并不会对置于其中的物体造成引力（无论该物体位于几何中心还是其他地方）。空心管的外部引力同物体与管轴间的距离成反比。

我们应该牢记：牛顿定律公式只适用于均质的球和物质的"点"。

58 铅垂线的方向

【题】如果忽略地球自转带来的微小偏差，一般会认为靠近地表的所有铅垂线都是指向地心的。然而我们还知道，地球上面的物体除了受到地球的吸引以外，还要受到月球的吸引。所以上述铅锤线指向的是地月系的质量中心，而不应该是地心。而地月系质量中心与地球的几何中心完全不吻合。我们可以通过下面的计算来验证：因为月球质量是地球质量的八十分之一，因此，相比距月球中心来说，地月系的质量中心要距地心近一些；同样，后者也是前者的八十分之一。两个天体之间的距离是六十个地球半径，所以，地月系的质量中心与地心之间的距离是四分之三个地球半径。最终可以得出，地月系的质量中心位于距几何中心4800千米远的地方。

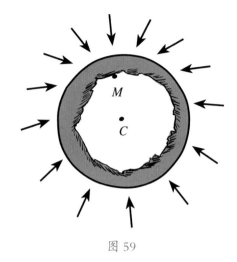

图59

地球上的物体是会偏向地球的中心C点，还是地球与月球的质量中心M点？如图59所示，按道理说，地球上铅垂线的方向应该远远偏离地心，但是为什么又从未觉察到这种偏离呢？

【解】尽管没有被一下子觉察出来，但是上面命题中的阐述推断是明显错误的。要想简单地证明上面的推断是错误的，可以将上述地月系的情况应用到地球和太阳上面。所以我们就由此推断如下：地球上面的物体可能会偏向地球和太阳的质量中心。因为它们既要受到地球的引力，又要受到太阳的引力。因为太阳的质量是地球的330 000倍，而两者中心间的距离大约是200个太阳半径，所以可得出中心点是位于太阳内部的。由此得出"地球上的所有铅垂线应该指向太阳"这个结论。

虽然上面的结论不正确，但是可以通过它们的不合理性去探讨推断过程中的错误。我们知道，太阳吸引地球上的所有物体，但也不要忘记它同时还吸引着整个地球本身。假如太阳施加给地球表面每个物体每克的加速度是a，那么太阳施加给地球每克的加速度也是a，即施加的加速度是一样的。在太阳引力的作用下，地球上的物体和地球所获得的靠近太阳的位移应该是相同的，也就是说，两者应该处于相对静止状态。由此我们可以看出，地球上物体的指向不会受到太阳引力的影响：物体在太阳引力不存在的情况下，应该是指向地球的。

地月系也同样适用于上述分析。也就是说，月球上面的物体不会落到地球上；同时，地球上的物体就好像月球引力不存在一样应该朝向地心。毋庸置疑，地球上的物体被月球引力吸引得向月球靠近，同时对整个地球来说，该引力所施加的也是相同大小的位移。因此物体会指向地球，而月球引力不会对其造成任何影响：就好像月球不存在[1]，地球和地球上的物体之间相互吸引。

注　释

　　①因为我们地球中心和位于地球表面的物体与月球（和太阳）之间的距离是不相等的，所以在引力大小上还是存在着差异。通过现代精密观测设备可以观察到，这种差异是以物体重量周期变化（取决于月球和太阳在天空中的位置）的形式出现的。尽管月球和太阳对物体重量造成了一定的影响，这是个突出现象，但是该影响极其微小，完全无法同本命题中所提及的预期影响相提并论。

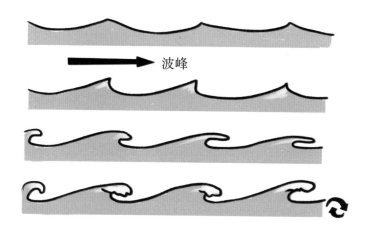

波峰

1 水和气体

【题】如果将地球上全部的气体与全部的水相比，哪一个更重？又重多少呢？

【解】要想确定大气质量和地球上全部水量之间的大致关系，通过一些简单的运算即可得出。

大气质量与深度约 10 米（0.01 千米）左右的水层（均匀地覆盖在整个地球表面）的重量是相等的。

而平均深度约为 4 千米的海洋所占面积与地球整个表面的比值是 3∶4。

如果地球表面是被这些水均匀地覆盖，那么海洋的深度就是 3 千米。由此可得算式如下：

$$3∶0.01=300$$

由此可知，地球上全部水的重量约为空气重量的 300 倍（准确地说应该是 270 倍）。

2 最轻的液体

【题】你知道最轻的液体是什么吗？

【解】液化氢是我们知道的密度最小的液体，它的密度是水的 $\frac{1}{14}$，只有 0.07 克/立方厘米。而水的密度又约是水银的 $\frac{1}{14}$。

液化氦的密度为 0.15 克/立方厘米，是密度第二小的液体。

3 | 阿基米德金皇冠的命题

【题】公元 1 世纪，古罗马建筑学家威特鲁维对流传着许多版本的阿基米德金皇冠命题的传奇故事是这样讲述的：

吉耶伦①夺取皇权后，为了感谢神保佑事业取得成功，有意向一座神殿捐赠一顶金皇冠，新国王吩咐工匠去制作并给了他所需的材料。在预定期限内，工匠将制作完工的皇冠呈献给国王。吉耶伦十分满意：皇冠的重量与原材料是相等的。但是后来有人传言，工匠用银偷换了部分黄金。得知受骗后，吉耶伦非常恼怒，命令阿基米德想出办法揭穿偷换的骗局。

有一次，正思考着这个问题的阿基米德去洗澡。他发现，当他跨进浴盆时，浴盆中溢出来的水的体积与身体进入水中的体积是相等的。发现这一现象之后，阿基米德高兴地从澡盆中跳了出来，赤裸着身子跑出澡堂，且一边往家跑一边用希腊语喊道："埃弗利克，埃弗利克"。（意思是"我找到了"）

随后阿基米德利用自己的发现，各取一块相同重量的金银。首先，他先将银块浸入一个盛满水的深容器罐内，将溢出的水的重量测出来——此时溢出的水的体积就是银块的体积。然后取出银块，重新把容器罐加满水。利用与上面相同的方法，他在盛满水的容器中放入金块，将溢出的水再次测量时他发现，这次溢出的水的体积要比上次的小，而这部分体积之差正是同等重量的银块和金块的体积之差。随后他再次把容器罐盛满水，这次把皇冠浸入水中，当他测量溢出的水时发现，此次的水要比浸下纯金块溢出的水多。借助于这部分多出来的水，阿基米德计算出了金皇冠中的银杂质，从而通过这种方法揭穿了工匠的骗局。

那么皇冠中被银偷换掉的金的重量能够通过上述阿基米德的方法计算出来吗？

【解】根据阿基米德的方法无法准确计算出工匠用银子偷换了多少黄金，要想用上述方法解答这个问题，就需要金银熔合物的体积完全等于该熔合物中的金银体积之和。

确实只有少数熔合物具有这种特性——金银熔合物的体积是要小于其中的金银体积之和。也就是说，这个金银密度之和就要小于熔合物的密度。显而易见，阿基米德在用这种方法计算被偷换掉的金的重量时，得到的结果本应该会小些：在他看来，熔合物的密度更大说明其中金的含量更多。所以，被偷换掉的金的全部重量阿基米德是不可能计算出来的。

那么阿基米德的难题到底该如何解决呢？《普通化学教程》的作者梅恩舒特金教授在书中这样写道："现在我们可以假设通过如下方法来解决这个问题。首先确定出纯金和纯银的密度，以及一系列过渡性合金的密度；用图解的方法表示出已得的数据，并通过这种形式得出一个曲线图。这个曲线图给我们展示的是金银熔合物密度变化同其中金银密度关系的曲线；同时还能够得到一条直线，即熔合物中的金银密度呈直线变化。现在来确定皇冠的密度，将所得到的密度大小置于金银密度坐标系的曲线图中来看，就可以发现所得到的是熔合物中哪种金属的密度了；那么皇冠中金属的成分也就能判断出来了。"

此外，如果调换的是铜而不是银，那么金和铜的体积之和就完全与金银熔合物的体积相等了。而这时，要想得到正确的答案，只要运用阿基米德的方法就可以了。

注　释

①锡拉库兹的统治者，传说阿基米德是他的亲戚（注意，他同古代力学专家格伦并非同一个人）。

4 水的压缩性

【题】水和铅在高压情况下，收缩程度哪个会更大一些？

【解】"似乎液体确实是不可压缩的，无论液体在哪种情况下受到的挤压程度都要比固体小"，这种观点的形成是受到了中学教科书中严格强调液体的"不可压缩性"的影响。但实际上，液体的"不可压缩性"相对于固体和气体来说只是它弱压缩性的一个形象表述而已。我们发现，假如将液体和固体的可压缩性进行比较，结果前者是后者的几倍。

在一个大气压下，铅的体积被彻底压缩后会减小到原来的 0.000 000 6 倍，它是最容易被压缩的金属。而在同样大小的气压下，水可以被压缩到原来的 0.000 05 倍，其压缩性大约是铅的 80 倍。水与钢相比时，水的压缩性是钢的 70 倍。

在一个大气压下，硝酸的体积会缩小至原来的三四十万分之一，其压缩性是钢的 500 倍，它是压缩性超强的液体。诚然，液体的压缩性是气体的几十分之一，所以和气体相比，它的压缩性就确实不足一提了。

然而根据巴塞特实验证明，诸如氮等某些气体在 25 000 个大气压下会变得完全不可压缩；该气体分子之间的致密程度在这么大的气压下会达到最大。

5 水受射击时承受的压力

【题】如图 60 所示，将 10 厘米深的水倒入一个长 20 厘米、宽 10 厘米的敞口箱子（该箱子是上蜡的粘合木板做成的）。开枪向箱子射击，随之箱

图 60

子就会裂成碎木块，而箱中的水也会转化为雾气。对射击所造成的这种效应我们该如何解释？

【解】我们可以用液体的弱压缩性和绝对弹性来解释这种现象。水面还来不及上升时，子弹就迅速穿过水。所以在一瞬间内，水受到子弹体积大小的压力。箱子木板必定会被所形成的最大压力挤裂，水也就会四溅开来。

该压力大小通过计算可以得出。子弹体积为 1 立方厘米，箱中的水为 $20 \times 10 \times 10 = 2\,000$（立方厘米）。水应该压缩至原来体积的 $\frac{1}{2\,000}$。而在一个大气压下水压缩为 $\frac{1}{20\,000}$，即原来的 $\frac{1}{10}$。所以，该液体在箱中体积减小的同时，它的压力应该增加到 10 个大气压，即约等于汽缸中的压力大小。从而可以得出，$10\,000 \sim 20\,000$ 牛的力会作用在箱壁和箱底。

同样道理，炮弹在水下爆炸时也存在着巨大的破坏作用。米利凯恩说过："即使炸弹在离潜水艇 50 米远处爆炸，爆炸的威力还是会波及海面，潜水艇也不可避免地受损。"

6 水中的电灯泡

【题】在如图61所示的情况下，活塞直径是16厘米，半吨重的压力作用到水中的电灯泡上，那么电灯泡能够承受得住吗？

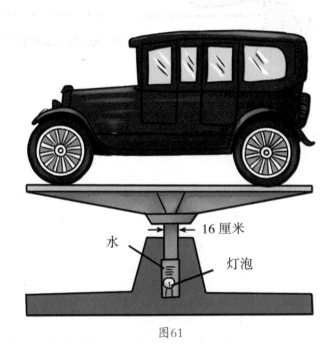

图61

【解】这种情况下，灯泡是能够承受住压力的。下面我们通过算式来计算一下灯泡壁所受到的压力。活塞截面等于

$$S=\frac{\pi}{4}\cdot 16^2 \approx 200\,（平方厘米）$$

因为500千克重物的重量大约是5 000牛，那么在1平方厘米上所受到的压

力则为

$$5\ 000 : 200 = 25\ （牛）$$

普通样式的灯泡甚至可以承受27牛/平方厘米这样更大的压强。所以，在上述情况下，灯泡是不会被压坏的。

在水下这个结论也是同样适用的。普通的电灯泡适用于27米深的水下，它能够承受住2.7个大气压。当然，如果水更深些的话，那么就应该使用特制灯泡了。

7 漂浮在水银中

【题】在水银中有两根同等重量和直径的匀质铝柱和铅柱垂直漂浮。那么你知道浸得比较深的是哪一根吗？

【解】毋庸置疑，在圆柱垂直漂浮这一点上有众多疑问。有些人认为在漂浮时圆柱体应该会倒向一边，似乎是不可能保持垂直状态的。这种观点是不正确的。因为相对于高度来说，在漂浮时圆柱体要想保持稳当的状态，只需要圆柱直径足够大即可。

有时这个问题会让一些观点自相矛盾，尽管问题本身并不难。在重量和直径相等的情况下，铝柱的长度是铅柱的长度的4.2倍。所以可以这样来理解：在水银中，垂直漂浮的铝柱有可能要比铅柱浸得更深些。同样，在液体中漂浮的重铅也有可能要比轻铝浸得更深些。

上述两种分析都是不正确的。我们可以根据阿基米德原理将其进行分析：由于两者重量是相同的，在漂浮时它们排挤出的液体的体积也应该是相等的；同时又因为两者直径是相等的，所以两根圆柱浸入水银中的部分的长度也是相等的，否则两者排挤出的水银体积不相等。

那么，铝柱排出的水银体积到底是铅柱排出水银体积的多少倍呢？经过计算我们可得出，会排出其长度17%的水银的是铅柱，而排出其长度80%的水银的是铝柱。但是由于铝柱长度与铅柱长度的比是4.2∶1，所以铝柱80%长度就是铅柱17%长度的$\frac{0.8 \times 4.2}{0.17} \approx 20$倍。

从而，留在水银表面的铝柱的高度就是铅柱的20倍。

现代地球构造学说也可以用到上述讨论的问题，即所谓的地壳均衡说理论。相对于地下的地幔岩层来说，地壳岩层部分要轻一些，所以它会漂浮在最上层。这就是地壳均衡说理论的缘由。该理论将地壳看作是一些截面相等、重量相等但是高度不相等的棱镜总和。那么密度更小的棱镜应该源自稍高的那部分，而密度更大一点的棱镜应该是源自稍低的那部分。所以我们还可以推断出下面这样的结论：地表凹陷说明地下物质过剩，而地面凸起说明地下物质缺损。

8 流沙中的阿基米德原理

【题】一个木球放于干沙上面，它会陷入沙内多深？一个人如果遭遇流沙，会连头一起陷入流沙中吗？阿基米德原理也可用于解释颗粒体吗？

【解】由于物体的颗粒会受到摩擦力的影响（在液体中受摩擦力的影响极其微小），所以是不能在颗粒体上直接使用阿基米德原理的。要想阿基米德原理能够适用，就需要把颗粒置于下述情况之下：颗粒不受相互之间的摩擦力的牵制而能自由移动。比如干沙在重力作用下受到一定频率振动就有助于沙粒移动，而这时的干沙就是与上述情况相符合的。

古柯，这位与牛顿同时代的著名物理学者在自己的著作中曾提到过类似的实验："无法将较轻的物体，比如软木块，沉入沙（快速震动的沙）中；该物体会立刻浮上表面。相反，沙表面重些的物体会马上被埋入沙中，并坠到容器底部。"如图62的沙粒震动机和图63所示的带有重物的小人陷于沙中，在机器的作用下，小人的头伸出沙面，这些实验是之后的英国杰出的物理学家伯列格在借助一种特殊离心机的作用下完成的。

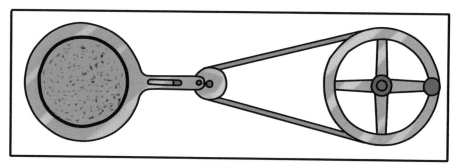

图62

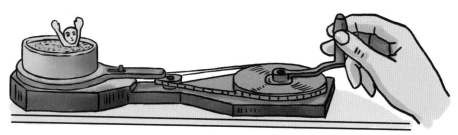

图63

在推断的基础上，斯蒂芬将阿基米德原理进行了总结。如果在下述情况中运用这些推断，即不流动的沙体表面放有一只球，下面发生的事情是可以设想出来的。我们从中可以发现，带有气孔的1立方厘米沙的质量（也就是沙体"想象的密度"）等于1.7克，是木头的两倍。我们从沙中将想象的沙体分离出来，在几何上让该球体等于木球。在两种力的平衡作用下，沙上的该物体能够立稳：一是沙粒相互间的摩擦力，二是上层沙面的重量（上层沙面支撑着该物体向下的同时，将部分压力分散到四周）。与我们所分离出来的沙面物体的重量相比，这些力的合力应该只大不小。假如用更轻的木球替换想象中的沙球，木球受到的自下而上的压力相对于它本身的重量来说要更大一些。显而易见，该球在重力的作用下不会陷得太深。假如球的重量与它陷入沙中的那部分体积的沙的重量是相等的，那么这时陷入沙中的深度会最大。当然，这并不代表球陷落时的深度一定会有那么大：我们确定出的球陷入沙中时的极限深度就是借助于重力本身的作用来实现的。因为摩擦力会阻碍球漂浮的过程，所以同样不能证明，埋入沙中的球的深度比这个深度还要大，球自身会"浮"到表面上来。

所以，一些重要的附带条件在将阿基米德原理应用到颗粒体时就应该考虑到，而这些条件在颗粒体一旦受到震动时就可以不予考虑了；在研究时，震动的颗粒就如同是液体了。阿基米德原理对于不流动的颗粒体来说能够确定的只有一点，就是在自身重力作用下，（位于其表面的密度较大的固体陷入到沙中的深度，就等于物体陷入部分体积的颗粒物质重量时物体下陷的深度）是小于物体重量的。

但是人是不会连头一起被埋进流沙中的，原因就是与干沙的密度相比人体的平均密度要小一些。由此，人越挣扎，就会越陷越深；而越是不挣扎，他陷入沙中的深度就越浅。

不仅仅是适用于沙体，阿基米德原理也适用于工程学，即从杂质中将煤提取出来。在精选的沙中放入需要提纯的石煤，该沙的密度要比混杂在煤中的石块的密度小，但是要比石煤的密度大。应该向沙下的过滤器中自下而上地不断送入空气，才能使沙粒流动起来。沙的密度则是由被送入的空气压力（即气流的速度）决定的。仪器装置详细如图64所示，在沙中混杂的煤粒和岩石块的被分离，就是阿基米德原理在工程学中的应用：石块会沉入沙中，而煤也留在了表层，通过管道聚集到收容器内。

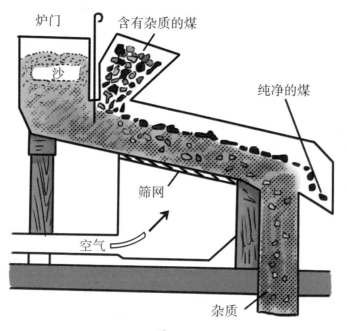

图 64

9 液体成球形

【题】我们怎样才能够证明：在不受外力的影响下液体能够形成一个周整的圆形？

【解】在同等密度的酒精和水的混合物中放入橄榄油，它们就会形成一个圆球。这就是著名的普拉托实验，这个实验清楚地证明了液体的一个特性，就是在失重状态下液体会呈现为球形。但是所得到的球体通过精确测量得出，它在几何上不可能是规律的。因此，针对我们感兴趣的现象，普拉托只是做了一个尝试性的论证[1]。

毋庸置疑，要想给我们做出严密的论证就需要用到完全不同领域中的现象（正如虹的产生）。

彩虹的样子会受到明显的影响，即使在几何形状上雨水只有一点点偏离规则的球形，要是这种偏离更大些，那么彩虹就根本不会成形了。而这些都是通过虹产生的原理进行证实的。因为存在着即将掉落而且还要以物体自由落体速度运动的小水珠是彩虹产生的前提，根据第一章第53题的答案，可推想得知，这些小水珠是处于失重状态的，而且只有某些来自内部的分子力作用于它们。

注　释

①详见《趣味物理学》第五章。

10 水珠多重时会掉下来

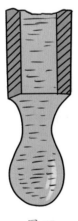

图 65

【题】水珠从茶炊嘴儿中滴落，当水冷却时滴落的水珠要比水滚烫时更重一些。

【解】这个观点是正确的。水珠什么时候会落下来呢？答案就是当一颗水珠的重量大到足以导致正在形成的水珠颈部表面薄膜破裂的时候。墨水点的产生也同样是这个道理。如图 65 所示，假设 f 为表面的拉力大小，r 为收缩的颈部半径，那么水珠发生滴落的条件为

$$2\pi rf = 0.0098x$$

上面的 x 是表示几克水珠的质量，$0.0098x$ 就是表示几克水珠的重力。所以几克水珠的质量

$$x = \frac{2\pi r}{0.0098} f$$

水珠会随着表面拉力的越大而越重。但是大家都有所了解的是，对于水来说，表面拉力的大小会随着温度的升高使每个半径上减少 0.23%。相对于温度是 0℃来说，温度为 100℃下的水的表面拉力减弱了 23%，而相对于温度为 0℃时，温度为 20℃下的水的表面拉力又减弱了 4.6%。换言之，水珠的质量在茶炊中的水从 100℃冷却到室温 20℃时，应该增加了

$$\frac{95.4-77}{77} = 0.24$$

也就是说增加了 24%（这个大小就相当明显了）。

11 液体在毛细管中上升的高度

【题】（1）在直径为 1 微米的玻璃细管中，水会升多高？

（2）哪种液体在这支玻璃管中升得最高？

（3）毛细管中，是冷水升得更高些，还是热水升得更高些？

【解】（1）根据伯利列定理[1]，管中液体上升的高度与管的直径是成反比的。水在直径为 0.001 毫米的玻璃管中上升的高度是原来的 1000 倍，也就是 15 米（水在直径为 1 毫米的玻璃管中上升的高度为 15 毫米）。

（2）钾在直径为 1 毫米的玻璃管中会上升 10 厘米，当管道直径为 1 微米的时候，上升高度应该等于 10（厘米）×1000=100（米），所以说，熔化后的钾（63℃时熔化）是毛细管中上升最高的液体。

（3）液体要想在毛细管中升得越高，它的表面拉力就需要越大，密度则需要越小。通过关系式可表示如下（其中 h 表示上升的高度，f 表示表面拉力的大小，r 表示管口半径，d 表示表面液体密度）：

$$h = \frac{2f}{rd}$$

表面拉力会随着温度的升高而迅速减少，而且相比液体密度 d 来说，它减少得还要明显得多。由此，高度随之也会降低：热的液体在毛细管中上升的高度要比冷的液体低一些。

注 释

①通常也被称为"尤林定理"。

12 在倾斜的毛细管中

【题】如图66所示，容器中的液体平面在垂直的毛细管中会上升10毫米。假设将该管倾斜，让它与液体表面呈30°角，那么液体表面会不会升高呢？

30°

图 66

【解】在上述情况下，管中的液柱在与容器中液体表面呈 30° 角倾斜时，它的长度是在垂直状态下的 2 倍。但是凹凸面高出容器液面的部分却是一样的。液体在毛细管中的长度取决于管是垂直浸入其中还是与地平面保持某个角度，但是无论在什么情况下，上升的高度，也就是凹凸面到液体表面的垂直距离都是相等的。

13 移动的两滴液体

【题】如图 67 所示，有两根均是一头宽一头窄的玻璃管。将一滴水银注入第一根管的 *A* 点处，而将一滴水注入第二根管的 *B* 点处。这时我们可以看到，处于不平衡状态下的两滴液体会沿着玻璃管移动。这是什么原因造成的呢？同时两滴液体是朝向玻璃管宽的那头移动还是窄的那头移动呢？

【解】在上述情况下，水银柱会向宽头那一端移动，而水柱则会向窄头那端移动。之所以水银柱在玻璃管中有两个自由移动的外凸方向，是因为玻璃并不会被水银浸润。相比水银靠近宽的那端的表面来说，它靠近窄的那端的表面曲度半径要小一些。所以水银被窄的那端所施加的压力要大一些（详

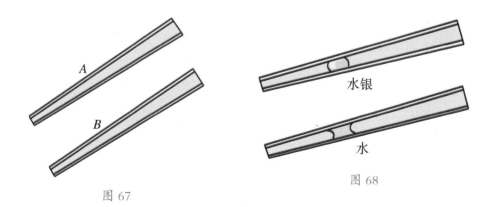

图 67

图 68

见上一题），所以水银柱就会被挤向宽头的那一端。

之所以水柱两头都有一个内凹面，是因为水会浸润玻璃，并且相比管中宽头那端，窄的那端的凹面的曲度半径要小一些。所以说，液体会被曲度更大的那个凹面吸引着流动。因此，水柱会向窄的那端移动。

综上所述，我们可得出水银柱是向宽端移动，而水柱则是向窄端移动（见图68），也就是说，在细管中，这两段液体柱是朝相反的方向移动的。

水在毛细管中能从宽端向窄端移动的这种特性对于保持土壤湿度是具有重要意义的。"如果上层土壤厚实，即其中的孔隙很小，而下层土壤疏松，即其中的孔隙较大，那么上层土壤就容易吸收来自下层土壤的水分。而如果情况相反，下层土壤厚实，上层疏松，那么上面的疏松层干枯后就不会吸收到下层土壤的水分（因为水不会从窄的孔隙流向宽的孔隙），因而变得干燥。"农学家杜斯曾在著作中这样写道。

综上所述，我们可以总结出一种抵御旱灾的措施，也就是翻松土壤表层：应尽可能频繁地翻松顶层土壤，翻松厚度约为 2 厘米，这样才能够保持土壤湿度；此时大孔隙取代了原来的小孔隙，而小孔隙会被破坏掉，从而就会向下面吸收水分。虽然此时水分能够被疏松过的上层土壤所吸收，但是它还不能从孔隙更小的下层土壤中吸取到水分，所以不能向表层导入水；尽管这样，它在预防风和阳光带走其他土层的水分方面仍可以起到一定的作用。

这是一个极具借鉴意义的实例。一个普通的物理现象在被我们清楚地理解之后，可以对指导实践带来极大的帮助。

14 沉底的木板

【题】如果将一块密度较大的木片放入盛有水的玻璃容器底部，这时木片会漂浮起来；如果将一块玻璃片放入盛有水银的相同的玻璃容器底部，它却不会浮起来。同时我们可以看到，水中木片的浮力要比水银中玻璃片的浮力小得多（水银和玻璃密度的差值）。那么应该怎么解释水中的木片会浮起来，而水银中的玻璃片却不会浮起来呢？

【解】原因很简单，因为水从木片底渗透进去了，所以在盛有水的容器底部放入木片，它会浮起来。但是为什么木片被水穿透，而玻璃片却没有被水银穿透呢？这又要怎么解释呢？我们需要明了的是，无论木片和容器底部是怎样地紧密贴近，都不可避免地会在它们之间留下细小的缝隙。如图 69 所示，这些浸湿的木片与玻璃的紧密贴近的水面边缘会形成一个凹面，而一个没有液体的夹层就是这个凹面所指的方向；这个凹面可以将水吸引到木片和玻璃底部的空隙中来，就像是一个内凹镜一样。

如图 70 所示，水银和玻璃片则又不同。水银不会将玻璃片浸润；所以在玻璃片和玻璃底部之间，水银会形成一个指向空白夹层的凹面，水银在凹面向外挤压的情形下，就不会流到玻璃片下面了。

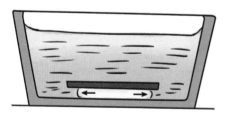

图 69

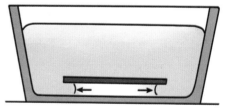

图 70

15 液体表面张力的消失

【题】液体表面的张力在温度为多少的时候会等于零？

【解】液体表面张力在临界温度下会完全消失：此时丧失了聚合成水珠能力的液体会在任何一种压力下变成气体。

16 液体自身表面压力的大小

【题】液体受到自身表面的挤压要承受多大的力？

【解】液体会给它所覆盖的物体以巨大的压力，尽管它表面的膜[1]相当薄，只有 5×10^{-8}（厘米）。对某些液体来说，这个压力可以达到几万个大气压，也就是相当于几十吨的重量，直接作用在了 1 平方厘米上。有了这个压力的存在，液体的压缩性不强也就可以理解了。

注 释

①液体表面的膜由一个分子层构成。

17 水压的冲击与自动扬水机

【题】如图 71 所示，为什么水龙头不能像茶炊那样可以让水自由回流，而非要都安装成螺旋状呢？

【解】有些人可能会认为不将水龙头安装成螺旋状，而是安装成回旋式的，即茶炊式样的会更为方便一些。但是当水龙头被迅速关闭，水管中的水流运动突然被停止，会导致管道系统出现危险的振动现象，也就是所谓的水压冲击。由此可见，回旋式的水龙头不能适用于家庭水道网，所以在现实中并没有那样安装。

杰伊什教授——水压学教科书的作者，把水压冲击同起步停车时火车车厢的冲击做了一下比较：

在火车制动时，第一节车厢的缓冲器会受到后面车厢惯性影响，直到所有的车厢都停止运动。然后前节车厢缓冲器的弹簧会被拉直，直到所有车厢都刹稳。受到压缩的缓冲器产生的冲击波会从第一列车厢传到最后一列。如果火车尾部有一辆重型蒸汽机机车，那么缓冲器的压力就会从该蒸汽机车转向一个支杆限动器装置。这样，振动就会逐渐减少，在阻力影响下慢慢停下来，从火车的一头传向另一头，循环往复。压缩后产生的第一次冲击波不仅对于第一节车厢冲击巨大，对于所有车厢的缓冲器弹簧来说其实都很危险。再来说说水龙头，尽管水的压缩性（即弹性）较小，但是我们通过关闭位于长水管尾端的水龙头而阻止前面的水颗粒运动时，后面的水颗粒会向前挤压，并对整个水龙头造成高压，这股高压类似于普通的波，会沿着管道以较大的速度往返运动，这个速度略小于声音在水中传播的速度。波达到水管始端（即水压贮槽）后又会导向水龙头那端；这样就会产

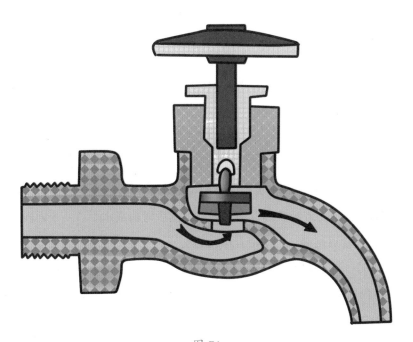

图 71

生系列高压振动波，这些波遇到阻力后就会逐渐停止运动。但是最初产生的波不仅会对水龙头尾端造成危险，还很容易导致一些比较脆弱的零件炸裂以及水管始端贮槽附近的接口损坏。回波时产生的巨大压力可能是水管中普通流体静力学压力的 60~100 倍。

整个水管道网会被水压产生的冲击力所损坏。这个冲击力常常会将生铁管道引爆，将铅制管道震损，将回转出的接头打掉等。而管道越长，这个冲击力就越强大，破坏性也越大。为了避免这些危害，应该使管道中的水流运动逐渐停止，也就是要慢慢地关闭水龙头拧住的管道口。管道越长，越应该将管道口的关闭时间放慢。

因为水龙头关闭得越快，产生的冲击力越强，所以水龙头冲击力的大小同管道的长度成正比，而同关闭水龙头所用的时间成反比。通过实验我们可以得出下面的这个计算冲击力大小的公式：

$$h=0.15\,\frac{vl}{t}$$

冲击产生的压力等于水柱的高度，其中 v 表示水管中水流的速度（米 / 秒），l 表示水管的长度（米），t 表示关闭水龙头所用的时间（秒）。

假如，1 米 / 秒是水管中水流的速度，1 000 米是水管的长度，1 秒是关闭水龙头所用的时间，那么水管中的压力大小在水压冲击的作用下就会增至：

$$h=0.15\times\frac{1\times1000}{1}=150（米）$$

也就是增加了 15 个大气压。

装置如图 72 所示，在实验中我们可以观察到整个水压的冲击现象。从盛有水的容器中将虹吸玻璃管向下导出，然后弯曲成水平。一个回转式水龙头 H 安装在管道尾端，一个带有小孔的支管 S 安装在尾端不远处。水会在水龙头关闭时，从支管中喷射出来，呈喷泉状，它的高度不会超过容器中水面的高度。但如果将水龙头打开后，再迅速关闭，那么相比容器中水面的高度，最初喷泉的高度是要高一些的。所以可以证实，管道中的压力要比流体静力学的压力大。

从一定高度上，当水落下时，水量越小，它所上升的高度越大。这就像杠杆一样，杠杆的一端被重物压下得越低时，杠杆的另一端则会上升得越高。由此表明，能量守恒定律此时还是适用的。

如图 73 所示，一个特殊的自动扬水仪器装置，即"冲击扬水机"，根据水压冲击力的理论，就被设计出来了。

工作原理如下：关闭阀门 U，自动扬水机就会开始工作。此时，管道 F 中会形成水压冲击，冲开阀门 Z，W 中压缩的空气向下施压，水就会通过管道 R 流向高处的容器；当 W 中向下的压力消失后，阀门 Z 关闭，阀门 U 打开；接着，管道 F 的水流又会重新关闭阀门 U，再次形成水压冲击……如此循环往复，将水带向高处的容器。

图 72

最简便也是最实惠的供水装置——冲击扬水机。即使是投产运行多年，该装置也基本不需要维修保养，在一昼夜的时间，有的冲击扬水机能将水压送至 100 多米高，有的甚至能压送 25 万升水。

图 73

18 水银与水的流速

【题】假如漏斗中的水和水银同高，那么你知道哪一种液体会流得更快一些吗？

【解】因为相比水来说，水银要重得多，所以可以这样假设，水银会流得更快一些。然而，托里拆利知道的实际情况却不是这样——因为流速和液体密度之间没有任何关系。而根据下列这个托里拆利公式可以将流速求出来：

$$v = \sqrt{2gh}$$

公式中 v 表示的是流动液体的速度，g 表示的是重力加速度，h 表示容器中液体的高度。由此很容易看出，这个公式中并不涉及液体密度。

但是，我们完全可以理解这个液体流动的反常定理。我们可以这样来推论：液体流动时的力就相当于它位于漏斗上部的重力；相比重力小的液体来说，重力大的液体的这个力更大些；但是同样促使前者运动的质量也大于后者，而且它们的质量比就相当于重力比。所以，这一点——两者的加速度和速度是相同的——也就不足为怪了。

19 与浴缸有关的问题

【题】（1）8 分钟可以将一个内壁垂直的浴缸放满水，关闭水龙头，通过排水孔将浴缸中的水排空则需要 12 分钟，那么在注入水的同时打开排水孔的情况下，浴缸需要多长时间才能够盛满水？

（2）浴缸在 8 分钟内就可以放满水；如果浴缸的水在关闭水龙头同时打开排水孔的情况下还是在 8 分钟内排空，那么在一昼夜的时间内不间断地向空浴缸内注水的同时打开排水孔，到最后会有多少水留在浴缸内？

（3）如果还是 8 分钟可以将浴缸注满水，但是仅用 6 分钟的时间就可以将水排完，请解答一下上述问题。

（4）如果需要半个小时才能将浴缸注满水，而仅需要 5 分钟就能将水排完，请再次解答一下上述问题。

（5）与注水时间相比，浴缸排水所需要的时间要短一些。假如给空浴缸注水和排水同时进行，那么还会有一点水留存在浴缸中吗？

为降低解题难度，我们可以忽略液体对排水孔边缘的摩擦力和流动液体的压力。

【解】针对上述 5 个问题，下面分别列出了正确和错误两种不同答案。

（1）浴缸注满水需要 24 分钟。　　　（1）浴缸永远都注不满水。

（2）浴缸最后是空的。　　　　　　　（2）浴缸中的水注到 $\frac{1}{4}$ 高。

（3）浴缸最后是空的。　　　　　　　（3）浴缸中的水注到 $\frac{9}{64}$ 高。

（4）浴缸最后是空的。　　　　　　　（4）浴缸中的水注到 $\frac{1}{144}$ 高。

（5）浴缸中最后一点水也没有剩下。　（5）浴缸中还剩下一点水。

肯定会有不少人认为左边的答案是正确的，但实际上右边的答案才是最终的正确答案。

下面我们分别对这些问题进行分析。

第（1）题，比起排水时间，浴缸的注水时间要短。我们可以通过计算来大体得出注满水所需的时间：每分钟注入的水是浴缸容量的 $\frac{1}{8}$，而排出的水是它的 $\frac{1}{12}$；换言之，浴缸每分钟所增加的水的体积是整个浴缸容量的 $\frac{1}{24}$，也就是 $\frac{1}{8} - \frac{1}{12} = \frac{1}{24}$。那么浴缸在 24 分钟之后就会注满水这个答案似乎应该很明了，但是我们可以看到右边正确的答案显示的是，浴缸永远都注不满水。这又是为什么呢？

第（2）题中，浴缸的注水时间和排水时间是相等的。换句话说，进入到浴缸中的水的体积和排出的水的体积在每分钟内都是相等的。这样看来，无论是多长的注水时间，浴缸中都应该不会有一滴水留存。但是右边正确的答案却是，浴缸中的水注到 $\frac{1}{4}$ 高。

（3）（4）和（5）这三种情况，在感觉上应该是浴缸中注入的水没有排出的水多，但是右边正确答案却是，此时的浴缸中还是有水剩下的。

综上所述，是不是感觉我们提供的正确答案似乎很荒谬啊？对于这些答案，读者们可能也经过长时间的讨论且也有自己的看法。那么下面我们先来看一下第（1）个问题。

格伦阿列克桑德利斯基提出了著名的浴缸问题（如图 74，两千年来，这个问题一直在中学算术习题集之中出现），而上面这些问题则是浴缸问题的变形。对于这个问题的解答从物理学角度来看，是错误的。虽然被普遍接受，但是却是一个以错误的假设为前提的解答方案。而这个错误前提就是只要水龙头的水流适当，水就会从水面不断降低的贮槽中流出来。而依据物理原理，水流速度会随着水面的降低而减缓。所以这个假设与物理原理是矛盾的。因此，认为整个浴缸如果需要 12 分钟可以排完水，那么每分钟排出的水就等于浴缸容量的 $\frac{1}{12}$，这个中学生们在算术课上经常会学到的知识点是错误的。

图 74

实际上与上述论述是完全不同的：每分钟的流量在最初水面较高的时候会大于浴缸容量的 $\frac{1}{12}$；而在接下来这个数量会不断减小，直到水平面很低的时候，每分钟的流量就小于浴缸容量的 $\frac{1}{12}$。换言之，每分钟平均的水流量是与浴缸容量的 $\frac{1}{12}$ 相等的，但是却不是每一分钟的流量都与它的 $\frac{1}{12}$ 正好相等，不是大于它，就是小于它。其实马克·吐温曾经给我们讲过的笑话故事中的怀表就与浴缸排水的例子十分类似：怀表一昼夜应该转动多少圈，它就勤恳地运转了多少圈，平均下来走得十分准。但是怀表在上半夜会走得相当快，而在下半夜的时候又会走得很缓慢。想要解决这个问题，我们可以利用水流的平均速度，也就是如何利用马克·吐温的这个怀表来计时。

在解答这个问题时我们发现，应该考虑更多的不是算术习题中简化后的情况，而是自然属性的现实情况。这样就会有不一样的结果了。假如最初注水是在水面还不太高的时候，流量小于浴缸容量的 $\frac{1}{12}$，而再注水是在水面上升到一定高度后，这时的流量就大于 $\frac{1}{12}$，甚至有可能会达到浴缸容量的 $\frac{1}{8}$。

换言之，排水量在水注满之前就等于进水量了。这时的水面高度就不再上升：排水孔会将所有水龙头流出来的水都流走。相比浴缸顶面，水面总是低于它的。所以这一点即无论如何浴缸中的水永远是注不满的就很好理解了。而上述分析通过下面的数学运算就可以证实。

第（2）题，注水和排水时间都是 8 分钟。刚开始注水时，水面较低，每分钟的进水量是浴缸容量的 $\frac{1}{8}$，流量方面我们在上面已经分析过，是小于 $\frac{1}{8}$ 的。所以，水面会上升，一直到进水量与排水量相等。因此浴缸不会是空的：里面应该是有一部分水存留的。由此我们可以做出推断，浴缸中的水面高度在注水时间与排水时间相等的时候为整个浴缸高度的 $\frac{1}{4}$。显而易见，这个问题的解答也是正确的。

（3）（4）和（5）这三种情况，排水时间与注水时间相比都是要短的。不论进水量是多少，整个浴缸的水是不可能被注满的，但是总是会存留一部分水。所以，我们对这三个问题的答案正确性也就没有什么疑问了。我们现在可以回想一下，因为水面较低的情况下，最初水龙头中水的流速是不可能太快的，即流速是很小的；而且不论流速大小，在流速均匀的情况下，水面会继续下降。也就是说，水槽中无论怎样都会有部分水残留下来，即使水量很少。换言之，任何一个带孔的柱状物只要进水时水流匀速，其中都会有部分水残留下来。

上述问题我们现在从数学角度来分析。实际上我们看到，那个浴缸问题（两千多年来作为中学生基础算术题）远远超过了算术初学者所能解答的范围。

假如用 H 表示浴缸蓄满时液体的高度，T 表示浴缸注满所需要的时间，t 表示蓄满的浴缸排完水所需要的时间，S 表示浴缸截面，c 表示排水孔截面，w 表示浴缸中液面下降的速度，v 表示排除液体的速度，l 表示排水孔打开时水面的高度。假如打开排水孔，同时给圆柱形浴缸注水，那么我们研究一下注水时间 T、排水时间 t 以及液体所达到的高度 l 之间的关系。

假如液面每秒钟下降的速度为 w，那么排水孔在这一秒钟内流出的液体体积 Sw 就与液柱的体积 cv 相等，公式如下：

$$Sw=cv$$

由此得出：

$$w=\frac{c}{S}v$$

根据著名的托里拆利公式，可以得出从排水孔中流出的液体的速度，$v=\sqrt{2gl}$，这个公式里面的 l 表示液面高度，g 表示重力加速度。另一方面，液面在排水孔关闭时上升的速度 w 等于 $\frac{H}{T}$。只有在液面下降的速度等于上升的速度时，才能保持这个平面固定，即存在着这样一个等式：

$$\frac{H}{T} = \frac{c}{S}\sqrt{2gl}$$

所以固定下来的高度 l 就等于：

$$l = \frac{H^2 S^2}{2gT^2 c^2} \qquad\qquad ①$$

这就是浴缸在打开排水孔后注水时的最大高度。可以通过代入 S、c、g 的大小来简化该公式。内壁垂直的浴缸，在打开水龙头后，其内的液面下降是匀变速 l 运动，也就是它的初始速度是 w，末尾速度等于零。我们可以通过下列的方程式把这个运动的加速度 a 计算出来：

$$w^2 = 2al$$

所以

$$a = \frac{w^2}{2l}$$

然后将 $w = \frac{c}{S}v = \frac{c}{S}\sqrt{2gl}$ 这个表达式代入，得出

$$a = \frac{c^2 \times 2gl}{2S^2 l} = \frac{gc^2}{S^2}$$

这样，对于上述的运动情况来说：

$$H = \frac{at^2}{2} = \frac{gc^2 t^2}{2S^2}$$

进一步得出

$$t^2 = \frac{2HS^2}{gc^2}$$

将其代入式子①中，最后得出

$$l = \frac{H^2 S^2}{2gT^2 c^2} = \frac{H \times HS^2}{2T^2 \times gc^2} = \frac{Ht^2}{4T^2}$$

$$\frac{l}{H} = \frac{t^2}{4T^2}$$

通过上述情况我们可以看出，浴缸液面高度占据了浴缸高度的一部分；通过下列公式可以将该高度计算出来：

$$\frac{l}{H} = \frac{t^2}{4T^2}$$

值得一提的是，浴缸和排水孔的形状、截面大小以及加速度 g 都不是影响液面的最大高度的因素。也就是说，液面的最大高度与上面这些都是没有任何关系的。所以，液面无论在火星、木星还是在地球上都是相同的。液体高度 H 在浴缸蓄满后就是在 t 秒钟内任何一个下降液面的高度。

对于上述问题，下面我们运用推导出来的公式来解决一下。

第（1）题，T 注水所需要的时间为 8 分钟，t 排水所需要的时间为 12 分钟。最大高度 l 占浴缸高度 H 的比例就是：

$$\frac{l}{H} = \frac{12^2}{4 \times 8^2} = \frac{9}{16}$$

无论向浴缸注水时间有多长，浴缸只能注到 $\frac{9}{16}$，高度都不会再上升。

第（2）题，此时，T 和 t 都是 8 分钟，浴缸只能注到 $\frac{1}{4}$。

第（3）题，这道题中注水时间 T 是 8 分钟，排水时间 t 为 6 分钟，则

$$\frac{l}{H} = \frac{6^2}{4 \times 8^2} = \frac{9}{64}$$

浴缸只能注到 $\frac{9}{64}$ 的位置。

第（4）题，已知 T 是 30 分钟，t 是 5 分钟，则

$$\frac{l}{H} = \frac{5^2}{4 \times 30^2} = \frac{1}{144}$$

所以只能注到浴缸 $\frac{1}{144}$ 的位置。

第（5）题，已知 $t < T$，通过公式

$$\frac{l}{H} = \frac{t^2}{4T^2}$$

所得到的式子只有在下面两种情况下才能等于零。

第一种：$t=0$, $T \neq 0$。这说明，在瞬间浴缸排完水这种情况是不太现实的。

第二种：$t=0$，$T \to \infty$。这说明，浴缸在关闭了排水孔后永远都注不满水，也就是说，流量是为零的，水龙头完全不出水。这种情况在实际中就等于水龙头是关闭的。

所以，只要打开水龙头，瞬间内浴缸不会排空水，$\frac{l}{H}$ 就不会为零，因此总会有一部分水残留在浴缸中。

当 $l=H$；$\frac{t^2}{4T^2}=1$；$t^2=4T^2$；$t=2T$ 这几种情况下，将排水孔打开，浴缸还是有可能注满水的。

换言之，浴缸在注水时间是排水时间的二分之一的条件下，在打开排水孔的情况下仍然可以注满水。

要达到一个固定的液面高度需要多长时间呢？解决这个问题需要运用到积分学知识，只是单纯依靠基础数学方法是不行的。下面我们列举了运算过程，读者可以根据自己的实际情况看一下。

假如用液面在关闭排水孔时上升的速度 $\frac{H}{T}$ 与浴缸在未注满时液面下降的速度 $\frac{c}{S}\sqrt{2gx}$（x 表示此时液面的高度）相减，就可以得到注水浴缸在打开排水孔后液面上升的速度：

$$\frac{\mathrm{d}x}{\mathrm{d}t} = \frac{H}{T} - \frac{c}{S}\sqrt{2gx}$$

得出

$$\mathrm{d}t = \frac{\mathrm{d}x}{\dfrac{H}{T} - \dfrac{c}{S}\sqrt{2gx}}$$

液面达到 $x=h$ 这个高度所用的时间我们用 Θ 来表示，方程式如下：

$$\int_{\Theta}^{0} \mathrm{d}t = \int_{\Theta}^{0} \frac{\mathrm{d}x}{\frac{H}{T} - \frac{c}{S}\sqrt{2gx}}$$

我们通过求这个方程式的积分得到计算达到高度 h 所需要的时间的公式如下：

$$\Theta = \frac{S}{gc}\left(\sqrt{2gh} + \frac{HS}{Tc}\ln\frac{\frac{H}{T} - \frac{c}{S}\sqrt{2gx}}{\frac{H}{T}}\right)$$

这个方程式也可以简化一下，浴缸排水时从高度 h 下降的速度 w，从公式 $wS=vc$ 和 $v=\sqrt{2gh}$ 中我们可以得到：

$$w = \frac{\mathrm{d}h}{\mathrm{d}t} = \frac{cv}{S} = \frac{c\sqrt{2gh}}{S}$$

所以

$$\mathrm{d}t = \frac{S}{c\sqrt{2g}} \cdot \frac{\mathrm{d}h}{\sqrt{h}}$$

而且

$$\int_{t}^{0}\mathrm{d}t = \int_{0}^{k}\frac{S}{c\sqrt{2g}} \times \frac{\mathrm{d}h}{\sqrt{h}}$$

得到

$$T = \frac{2S\sqrt{h}}{c\sqrt{2g}}$$

我们经过一系列的代换之后，可以得到下面这个关于 Θ 的公式：

$$\Theta = -t\sqrt{\frac{h}{H}} - \frac{t^2}{2T}\ln\left(1 - \frac{2T}{t}\sqrt{\frac{h}{H}}\right)$$

最终得出的式子，我们可以看到其中既没有浴缸截面 S 和排水孔截面 c，也没有重力加速度 g，所以注满浴缸所需要的时间无论是在哪个星球上都是一样的。

浴缸中的水什么时候才能够达到最大高度呢？回答则是：只有在无限长的时间内才能够实现，也就是说，这是不可能实现的。因为液体上升的速度随着液面不断靠近最高点一直在减小；它的速度在液体越靠近这个点的时候就会越小；而事实很明显，液面是不可能达到这个高度的，只能够去无限地接近它。这个推论很简单，而上面的结论也是在预料之中了。

但是如果想要解决实际问题，我们可以换一种提问的方式。液面达到最大高度或是只达到这个高度的百分之一，这两者是没有比较意义的。我们可以通过上述公式计算出这种接近达到所需要的时间，将 $h=0.99H$ 代入，这里的 l 表示最大高度，得出下列公式：

$$\Theta = -\frac{t^2}{2T}(0.995-\ln 0.005) = 2.15\frac{t^2}{T}$$

我们把这个算式应用到上面的五种情况中。

当 $T=8$（分钟），$t=12$（分钟）时：

$$\Theta = 2.15 \times \frac{12^2}{8} = 38.7（分钟）$$

当 $T=t=8$（分钟）时：

$$\Theta = 2.15 \times \frac{8^2}{8} = 17.2（分钟）$$

也就是说，液面在 17 分钟之后才达到一个固定高度。

当 $T=8$（分钟），$t=6$（分钟）时：

$$\Theta = 2.15 \times \frac{6^2}{8} = 9.7（分钟）$$

即液面会在约 10 分钟后达到一个固定高度。

当 $T=30$（分钟），$t=5$（分钟）时：

$$\Theta = 2.15 \times \frac{5^2}{30} \approx 1.8（分钟）$$

可以看出，液面在不到两分钟的时间内就能达到最大高度。

第五种情况中，要想实现给打开排水孔的浴缸注满水，就只有在前面假设的情况下，也就是当 $t=2T$ 时，这时需要的时间就是：

$$\Theta = 2.15 \times \frac{t^2}{T} = 4.3t = 8.6T$$

我们关于浴缸的问题就分析到这里了。相比那些粗心大意地向初中生提"水池问题"这类算术题的出题人，要说服读者认同这个道理的过程要困难复杂得多。

20 水旋涡

【题】我们在给浴缸排水的时候，会发现有旋涡出现在排水管附近。那么你知道旋涡会按照顺时针旋转还是按照逆时针旋转？

【解】在几年前，这个命题中所提出的问题就引起了著名的数学家格拉维院士的注意。他在书中曾写道："如果借助水槽底部的排水孔排水，那么在排水孔上部就会形成一个漏斗形的旋涡，这个旋涡在北半球沿逆时针方向旋转，而在南半球就会沿另一个方向旋转。每个读者都可以放掉浴缸中的水，自己来检验上述观点是否正确。为了更好地观察旋涡的旋转方向，可以朝水中扔些纸屑。只要在家中用最简单的方法就能操作一个验证地球自转的有效实验。"

由此，格拉维还得出了一些有实用性的结论："一些有关涡轮机的重要结论就可以通过上述分析得出。卧式涡轮机如果是沿逆时针方向旋转，那么涡轮机做功就能够受到地球自转的帮助；反之，涡轮机如果是沿顺时针方向旋转，那么它做功就会受到地球自转的阻碍。"

"因此在预订新涡轮机时，为了涡轮机沿着有利的方向旋转，应该严格要求轮叶的倾斜方向。"这是格拉维最后的总结。

似乎感觉这些推断很正确。气旋产生旋涡状的扭曲以及铁路上右边的铁轨磨损更加严重等，这些我们都知道是地球自转导致的。那么水槽中的水漏斗和涡轮机会受到地球自转的影响，是可以想象得到的。

但是对于最初的印象我们不能完全地相信。因为我们可以很容易地将浴缸排水孔附近水漏斗的观察结果检测出来，而结果告诉我们并不是像上面所述的那样：水旋涡的旋转有时是沿着逆时针方向的，而有时是沿着顺时针方向的。特别是当参与实验的是不同的浴缸，而不是同一个浴缸的时候，不但运动方向不稳定，而且连运动趋势也不明显[①]。

运算得出的结果和观察情况是相同的。通过结果可知，此时产生的回转（"科里奥利索夫"）加速度的值相当小。我们假设 a 表示回转加速度，v 表示物体的运动速度，w 表示地球自转的角速度，φ 表示地球纬度。运用公式如下：

$$a=2vw\sin\varphi$$

比如，水流速度在圣彼得堡所处的纬度上是1米/秒，那么$v=1$（米/秒），$w=\dfrac{2\pi}{86\,400}$，$\sin\varphi=\sin60°=0.87$，则

$$a=\frac{2\times2\pi\times0.87}{86\,400}\approx0.000\,1（米/秒^2）$$

通过上面的公式可知，由于地球的重力加速度是 9.8 米/秒^2，所以回旋加速度就是重力加速度的十万分之一。也就是说，所形成的作用力是旋转的水旋涡重力的十万分之一。显而易见，只要相对于排水孔的位置，水槽底部装置有任何一点不对称都会对水流的方向造成影响，而且相对于地球自转对它的影响来说，这个影响要大得多。多次对同一浴缸的排水情况进行观察表明：虽然旋转方向是一样的，但是由于确保旋涡方向的前提条件不是地球的自转，而是浴缸底部的形状和它表面的粗糙度，所以对预期设想的旋转规律来说，这一点却并不能将其证实。

换言之，我们应该这样来回答这个问题：对于排水孔附近的水旋涡的旋转方向是无法预知的；这个方向不是通过计算得出的，而是由具体的情况来决定。

而且通过运算我们可以知道，相比排水孔附近形成的旋涡直径，在地球海洋上形成的水旋涡直径则要大得多。比如，流速在圣彼得堡市的纬度上是 1 米/秒，该旋涡的直径就达到 18 米；而当速度是 0.5 米/秒的时候，直径就是 9 米（与流速成正比）。

下面我们继续分析一下涡轮机做功时受到的地球自转的预期影响。受地球自转的影响，每个旋转着的轮状物不仅轴线与地轴平行，而且它们的旋转方向也相同（见图 75 旋涡运动图解：上面为浴缸流水的情形，下面为旋转方向。）。这点从理论上是可以证实的。"所有绕轴线旋转的物体当前都处于运动之中，其轴线总是有偏向北极星的趋势；但无论旋转的物体怎样极力挣脱托架，这个趋势还是不能实现。"这段话来源于别利所写的一本关于回旋体的书。

浴缸排水时所形成的水旋涡受地球自转的作用力影响是非常小的。也就是说，地球自转的作用力不到重力的十万分之一。所以，相对于地球自转对它的影响来说，只要存在着涡轮机旋转体外壳的不均质性这个特点，对于水旋涡的作用力它就要起主要的作用。那么最终可以证明地球自转"能够帮助旋转装置做功"（格拉维院士在上文中所提到的）这一观点是不再具有说服力了。

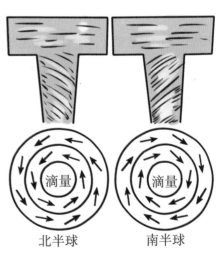

图 75

其中邀请了一家科普杂志的数名读者参与。此次活动的每名参与者都观察 10 次，看一看浴缸、洗脸盆、水槽等容器中的水流出时形成的旋涡沿哪个方向旋转，然后告诉我，10 次观察中有几次是沿逆时针旋转。尽管此次调查参与的读者不多，但是对比所获得的材料可以得出这样一个结论：逆时针方向旋转的次数并不多。

21 春汛和枯水期

【题】如图76（春汛期间凸起的河水表面）和图77（枯水期略下凹的河水表面）所示，你知道为什么河水表面在春汛期间更容易凸起，而在水面较低时的枯水期间却是凹下去的吗？

【解】因为相比水体边缘部分来说，水体中部轴心部分（"正河身、主流线"）的速度要大，所以会造成河水表面的曲度在春汛期和枯水期有差异。所以，上流河水会在春汛期间猛增，流到主流线时水量最丰沛；轴线附近每秒钟聚集的水量也比河岸边缘处的水量多；很显然，河水中央会凸起来。反之，水量在枯水期间会减少，河水流到下游，相比岸边，主流线上的河水流失量要大得多，由此，河水表面就要凹陷下去了。

在开阔的河道中上述现象表现得会更为明显。法国地球学家列克留在《地球》一书中曾对此做了描写："密西西比河汛期河水的平均横向高度为一米。伐木工人都知道这个现象：汛期将木材流放到河水中，木材会被抛向岸边（从河水凸处滑落下去），而在枯水期，木材总是漂浮在河道中央（蓄积在河道低洼处）。"

图 76

图 77

22 波浪

【题】如图 78 所示，为什么在海浪拍击斜岸时形成的波峰是弯曲状的？

【解】水体的深度决定着水体表面波浪的传播速度，进一步说，深度的平方根与速度是成正比的。在海面上运动时，波浪的波峰要比波谷高，相比在它前面的波谷，波峰应该要运动得快一些，进而会超过波谷，从而向前弯曲，所以海浪的波峰拍击到斜岸上会呈弯曲状。

另一种海岸边观察到的波浪现象——浪脊在撞击到岸上时同海岸是平行的，我们也可以用这个原理进行解释：因为波浪在成一定的角度平行靠近海岸时，那些前端更靠近海岸的波浪就会减速。所以我们不难想象，由此波浪会朝向海岸运动，直到波浪与海岸不再保持平行。

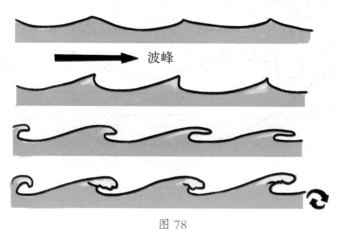

图 78

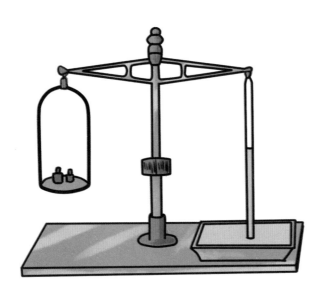

1 空气的第三种主要成分

【题】你知道空气的第三主要成分是什么吗?

【解】除氮和氧之外,空气中的第三种常规成分是二氧化碳。这个观点还有许多人会习惯性地认为是正确的。但事实上,人们在很久之前就已经发现,空气中存在着一种含量是二氧化碳的 25 倍多的气体,它就是氩。我们通常也称其为一种惰性气体。二氧化碳的含量只占空气的 0.04%,而氩的含量却为空气的 1%——准确来说是 0.94%。所以,毋庸置疑,氩是空气的第三种主要成分。

2 最重的气体

【题】你知道最重的气态元素是什么吗?

【解】许多人通常会认为氯(重量是空气的 2.5 倍)是最重的气态元素。但是事实上,还存在着比氯更重的几种元素,所以上面的观点是不正确的。在不考虑极易扩散的氡气或者镭射气(镭的放射物,重量是空气的 8 倍)的情况下,最重的气态元素应该是空气重量的 $4\frac{1}{2}$ 倍的氙。150 立方米的空气中只有 1 立方厘米的氙,由此可见氙在大气中是相当少的。

最重的气体(只是气体,而不是气态元素)又是什么呢?应该包括以下几种:$SiCl_4$ 四氯化硅(重量是空气的 $5\frac{1}{2}$ 倍),$Ni(CO)_4$ 羰基镍簇(重量是空气的 6 倍）以及 WF$_6$ 六氟化钨。无色气体六氟化钨的重量是空气的 10 倍，沸点是 +19.5℃，它是我们已知的最重的气体。

溴（重量是空气的 $5\frac{1}{2}$ 倍）和汞（重量是空气的 7 倍）都是比氯还要重的汽体（气体温度高于临界温度，而汽体则相反，而这也正是两者之间最大的区别）。

3 人能承受 20 吨的压力吗

【题】如图 79 所示，假设人体的表面积为 2 平方米，那么人承受的大气压力会达到 20 吨吗？

【解】讨论人体是否能承受住 20 吨重的大气压是没有意义的——这种观点是许多教科书和科普读物所持有的。而现在我们可以先看看这 20 吨的压力是从哪里来的。下面通过运算：身体表面受到的压力是 1 千克 / 平方厘米，而身体的表面积有 20 000 平方厘米，由此可得出总重量就等于 20 000 千克。但是，附着在身体不同点上的力作用的方向是不同的，而从算术角度来看，这种运算即把这些互成角度的力相加求和是没有意义的。这个问题是我们完全忽视了的。当然求这些和我们可以通过矢量相加的方法，可是所得的结果却和上述是完全不一样了：身体内部空气的重量就是所有压力的合力。假如分析的是身体表面压强的大小而不是这个合力的大小，那么就只能得出这个结论——身体所受压强为 1 千克 / 平方厘米。以上是对我们身体所受到的大气压做了浅显的分析。

因为这个压力是靠内部压力来平衡的，所以它容易发生改变，而且实际上这个压强的绝对值只有 10 克 / 平方毫米，并没有想象中的那么大。由此我们就明白了来自两个方向上的压力并没有把我们身体组织的细胞壁压坏的缘由了。

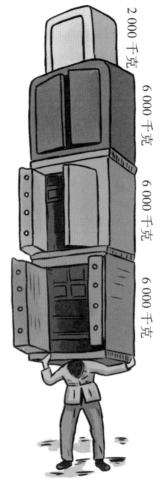

图 79

想要更为科学地达到大气压的值，我们可以换一种方式提问。如下：

对身体上部，大气压施加的力会有多大？

对身体左右两侧，大气压施加的力有多少？

解决第一个问题我们需要计算出约 1 000 平方厘米的身体横截面所受到的总压力，得到的结果是 1 吨。解决第二个问题是先要确定约 5 000 平方厘米的身体纵截面所受到的总压力，得到的结果是 5 吨。虽然得出的数字大得惊人，但是 1 平方厘米的身体截面受到的力也就是 1 千克。所以实际结果并不比我们曾经了解到的大，这只是同一结论的表述不同而已。

如图 80 所示，将单位压力换为总压力在上述情况下是没有意义的。而只有在总压力是一个运动的力这种情况时才是适当的，比如说蒸汽施加给蒸汽机汽缸中的活塞的压力。但是类似的算术练习在应用到人体上时是没有意义的。

4 呼吸时所用的力

【题】与一个大气压相比，我们呼出的气体的压强是大还是小呢？

【解】事实证明，相比外部空气来说，我们平缓呼吸时呼出的气体的压强要略大 0.001 工程大气压。

如果我们在呼吸的时候憋住一会儿气，那么相比正常时，这个压强就要大得多，等于 76 毫米水银柱，比外部空气大 0.1 工程大气压。我们呼气所用的力就是它。水银面会在我们朝开口的水银气压计曲柄处吹气时上升；如果我们收缩胸肌猛吸一口气，此时的水银面会再上升 7 ~ 8 厘米；而仪器中的水银面在吹制玻璃制品的经验丰富的工人嘴下会上升 30 厘米，甚至更高。所以，这个力就表现得很明显了。

5 火药气体的压强

【题】火药将炮弹助推出去大约需要多大的压强？

【解】发射炮弹时，火药气体的压强可以达到 7 000 工程大气压，与 70 千米高水柱的压强是一样的。

6 倒置水杯上的纸片

【题】如图 80 所示，先将一张纸片放在盛满水的杯子上面，然后将杯子倒置过来，我们都知道这时纸片是不会从杯口掉落下来的。在初级教科书上经常会出现这个实验，科普读物中也广泛地引用。纸片下方受到外部空气的压强是一个大气压，而对纸片来说，上方内部的水对其所施加的压强是一个大气压的几分之一（两者的比例与杯子与 10 米气压水柱之间的高度比例是一样的）；让纸杯紧压杯口而不掉落下来就是多余的压强的作用。

图 80

如果这种解释是正确的，那么纸片贴住杯口的压强大小就约等于一个大气压（准确来说是 0.99 工程大气压）。假如杯口直径是 7 厘米，那么纸片所受的作用力大小就是 $\frac{1}{4}\pi\times7^2\approx38$（千克力）。很明显，纸片掉落一个很小的力就可以了，并不需要那么大的力。如果金属片或玻璃片重几十克，它们会受重力的作用而掉落下来，而不是能够紧贴在杯口上面。因此，常规的那种解释还不具备说服力。

那么，到底怎样解释才是正确的呢？

【解】题中虽说纸片是紧贴水面的，但是并不能说明杯中没有空气而只有水。如果没有空气夹层存在于两个相接触的光滑物体之间，那么因为必须克服大气压，所以就不可能将光滑的物体从光滑的桌面上拿起来。由此可推出，一个很薄的空气夹层会出现在用纸片盖住水面的时候。

我们仔细观察将水杯倒过来时所发生的状况。纸片会在水重力的作用下稍稍向下凸出，假如纸片被薄板替代，那么薄板会从杯口坠落下来。

不管怎样，原本位于水和纸片之间的少量空气在杯底是有部分空间的；相比先前的，这个空间要大。压力随着空气间隔增大就会减小。

外部大气压和内部大气压加上水的重量就是现在作用在纸片上的压强。

只要一个很小的力施加在纸片上，就足以克服附着力即液体薄膜表面的拉力，纸片也就会掉落下来。而原因就是内外两个压强均衡。

纸片凸起的幅度在水的重量的作用下并不大。杯中空气的压强在含有空气的空间大小增加百分之一的时候就减小百分之一。这减小的百分之一的大气压与 10 厘米高的水柱是相等的。假如空气夹层（纸片和水之间的）最初的厚度是 0.1 毫米，那么用厚度 0.1 乘以 0.01 就等于 0.001 毫米（即 1 微米），就足以使纸片贴在倒置的杯口了。所以，并不需要其他外力，仅仅直接借助于内部气体就可以使纸片凸起。

对于这个实验，有些书上描写的时候要求一定要将杯中盛满水，否则实验就不会成功：纸片会受到水的重力影响而掉下来，因为纸片的两面都存在着空气，并且两边的空气是均衡的。在做完这个实验后我们就会发现纸片仍然牢牢地贴在杯口，所以上面这种猜测是没有根据的。我们把纸片抚平后会看到杯中有些小气泡。由此说明，杯中的空气是很稀薄的，要不然外面的空气不会透过水钻到水面上的空间内。显然，水杯在倒置时，水层会向下流，对部分空气进行挤压，而剩下的空气（那部分占有更大容量的）就更稀薄了。这里空气稀薄的程度相对于满水杯来说更大，而这一点通过将纸片折卷后透进水杯的气泡就能表明。纸片随着空气越稀薄就贴附得越紧。

尽管上文中对纸片的作用已经做了部分解释，但是下面我们继续补充一下。

如图 81 所示，假如有一根两边的弯管一样长的弯曲的虹吸管。如果该管两头的开口在同一水平面上，并且将该管装满液体，那么液体就不会从管中流出来；但是位于下端的开口会在虹吸管微微倾斜的时候流出液体；因为在流出的过程中，液体两边液面的差距也会越来越大，进而液体也就会流得越来越快。

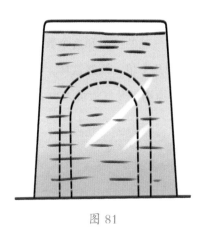
图 81

图 82

对"水在倒置的杯中保持水平状态（此时的纸片就发挥了作用），杯中的液体就流不出来了"这种现象也就很好解释了。如图 82 所示，我们可以把液体表面的两个点看作是虹吸管的两端，确实，假如液体表面的一个点比另一点低，液体就不能处于平衡状态了，那么杯中的水最终就会全部流出来。

7 比飓风压强更大的蒸汽压强

【题】与飓风产生的压强相比，蒸汽机汽缸中蒸汽做功时的压强是大还是小？两者相差多少？

【解】我们都知道飓风最具有毁灭性，可以将百年橡树连根拔起，并且可以推倒石墙。但是汽缸中蒸汽的压强却比飓风的压强还要大，这个压力是 300 千克 / 平方米，准确来说比大气压还要大。假如换成平方厘米，可得到下列算式：

300 ∶ 10 000=0.03（千克/平方厘米）=0.03（工程大气压）

一般汽缸中的蒸汽的压力在不考虑大气压的情况下就可以达到几十个大气压，由此可见上面这个数字还是很保守的。所以我们可以了解到，汽缸蒸汽的压强比最强烈的飓风所产生的压强要大几百倍。

更令人吃惊的是：假如将我们嘴吹出的气流的压强和这个数字相比，竟然可以看到，吹出的气流速度是最强飓风的几十倍。既然这样，我们为什么不能像童话中的巨人一样吹动轮船运动呢？原因就是气流量太小了。

注　释

①飓风，主要是指大西洋和北太平洋地区强大而深厚（最大风速达32.7米/秒，风力为12级以上）的热带气旋，另外也泛指狂风和任何热带气旋及风力达12级的大风。飓风中心有一个风眼，风眼愈小，破坏力愈大。飓风和台风最大区别是产生地点不同，台风产生于北太平洋，是赤道以北，日界线以西，亚洲太平洋国家或地区对热带气旋的一个分级。

8 哪个含氧量更高

【题】下面哪种气体含氧量会更高：我们人类呼吸的气体，还是鱼类呼吸的气体？

【解】答案是鱼类呼吸的气体。已知人类呼吸的空气中含氧量大约是21%[①]，而水中溶解的氧元素是氮元素的两倍。这样看来，溶解在水中的氧元素比空气中更多：溶解在水中的氧元素含量达到了34%（空气中的二氧化碳含量是0.04%，水中却达到了2%）。

①空气中的含氧量是不是越高越好呢？当然不是了。科学研究发现，大气中的含氧量若超过35%，是一件很危险的事，因为这种情况下的大气极容易产生自燃，地球上就会随时随地可能出现火灾，让地球成为一片火的海洋，使地球上所有的生命受到威胁。

9 水中的气泡

【题】在温度较高的室内，放置一个盛有冷水的杯子，这时水中会出现一些小水泡。你知道这种现象是怎么回事儿吗？

【解】在加热后冷水中的气泡就会成为气体——变为溶解在水中的那部分空气。在溶解性方面，气体与固体是不相同的，因为气体在温度升高时溶解性就会减小。因此之前溶解在水中的部分气体在水受热时会挥发出来，而其余的气体就可以存留下来，而且用的是水泡的形式。

下面是1升水（自来水）在不同温度下的空气含量：

$$10℃\cdots\cdots\cdots\cdots\cdots19立方厘米$$
$$20℃\cdots\cdots\cdots\cdots\cdots17立方厘米$$

通过上面的数据可得出，每升水受热大约可以分解出2立方厘米的空气。在上述条件下，假如水杯容量是1升，那么整杯水就可以分解出0.000 005升的空气。同时这些空气在水泡的平均直径假如是1毫米的时候，就可以产生近千个水泡了。

假如水是从水龙头中直接取来的，那么水泡形成的原因还要多出一点来：相比一个大气压，水在管道中所承受的压力要大一些。所以在水中溶解的空气量就会增加。水处于正常气压下不会溶解剩余的空气，所以水中就会出现气泡。

10 云层为什么不会掉下来

【题】云层为什么不会掉落下来呢？

【解】有些人会认为云层之所以不会掉下来，是因为比起空气来水蒸气要轻一些。当然，水蒸气确实比空气轻这也是一个事实；但是因为水蒸气是看不见的，所以水蒸气是构成不了云的。如果假设云是由水蒸气构成的话，那么云就是完全透明的。云和同一种物质雾并不是一种气态，而是由分散的液态水构成的。

云是由充满蒸汽的水气泡微粒构成的。这是学界以前广泛认同的一种观点。但是现在学界却将这种观点推翻了，而是认为：直径是一两百分之一微米（经常小到 0.001 毫米①）的水滴构成了云雾。在降落的过程中这些小水珠遇到了很大的空气阻力，所以虽然它们的单位质量是干燥空气的 800 倍，却是相当缓慢地降落下来。也就是通常所说的，它们的"受风面积"相当大。打个比方说，水珠的半径为 0.01 毫米时，它的降落速度就是 1 厘米 / 秒。实际上云层在空气中是降落的状态，只不过这个降落过程是十分缓慢地进行而已，而不是我们所以为的漂浮在空气中。所以托住云层只需要一股非常微弱的上升气流就可以，云层不但不会下降，反而还会上升。

综上所述，云层实际上是在下沉的。我们之所以觉察不到，要么是因为它的速度太慢，要么就是因为上升的气流掩盖了真相而已。

同样的道理，尽管许多尘埃（比如金属尘埃）是空气质量的几千倍，但是它们在空气中也可以漂浮。

①每立方厘米的云层中平均包含有几百万颗这样的水珠（直径为 0.001 毫米）。

11 理论距离与实际距离的差距

【题】下面这两种情况，哪个受到的空气阻力会更大一些：是飞行的子弹还是被抛入空中的球？

【解】通常情况下人们会认为，在较轻的介质（如空气）中快速飞行的子弹是不会遇到明显干扰自身运动的障碍物的。但是情况正好是相反的，子弹会在飞行时遇到相当大的空气阻力，是因为它的运动速度大。一般情况下，4 千米是步枪所能够达到的射程。假设子弹不会受空气阻力的影响，那么它又能射多远呢？似乎听起来不太可能，但是理论射程会是实际射程的 20 倍，即 80 千米（见图 83）！

我们可以通过下面的运算来证明一下。

在离开枪管时，子弹的速度大约是 900 米 / 秒。根据力学可知，如果在

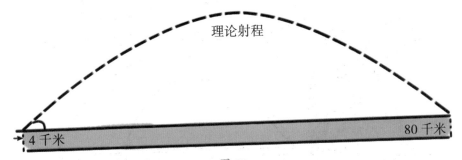

图 83

真空中要物体飞行距离最远，那么在把物体扔出去的时候就需要沿水平面45°的夹角。我们通过下列的公式可以算出距离（其中 v 表示初始速度，g 表示重力加速度）：

$$L=\frac{v^2}{g}$$

在上述情况下，$v=900$（米 / 秒），$g \approx 10$（米 / 秒^2）。将它们代入公式中可得

$$L=\frac{900^2}{10}=81\ 000\ （米）=81\ （千米）$$

因为介质阻力的值是和速度的幂成正比例关系，而不是和速度本身，所以子弹的飞行速度会受到空气的巨大影响。

但是，若将力学公式应用到被抛出的球上（运动速度大约为 20 米 / 秒），所得到的空气阻力却小到完全可以忽略不计。假设真空中，球的运动速度为 20 米 / 秒，将球沿水平面 45° 夹角的方向扔出去，那么球在 40 米（$20^2 \div 10$）远的地方就会落下，球的实际飞行距离也就约等于这个值。如图 84，在空气中扔出去的球，飞行路线不是抛物线 a（虚线），而是曲线 b（实线）。

图 84

其实，若忽略空气阻力，那么射出去的炮弹，最终的实际射程与理论射程之间的差距并没有我们想象中那样大，而是会非常接近。

12 称出气体的重量

【题】气体分子处于不断的运动之中——这是物理知识告诉我们的。那么又如何解释分子的重量在真空容器中施加到了容器的底部这种现象？

【解】很多教科书中并没有对这个问题多加关注，但是实际上这个问题很基础，同时也时常困扰着学生，所以需要分析清楚。

相比容器上壁受到的压力，为什么容器中靠近地表的气体施加给下壁的压力要大些？而且这个压力大小为什么正好与容器中的分子总重量相等？

是因为上部气体和下部气体的密度在容器内是不相同的：高处的密度与空气中是一样的，比低处要小一些。气体的压缩程度越大，它所施加的压力当然就要越大些。所以气体对容器上壁施加的压力要比对下壁施加的压力更小。

我们通过具体实例分析一下：比如有一个高为 20 厘米，截面为 100 平方厘米的圆柱体容器。我们根据拉普拉斯公式可以知道，空气在常温下每升高 20 厘米，密度和压力就减少 $\frac{1}{40\,000}$。由此类推，假如容器中的空气也是处于常温状态下的，那么相对于容器上部来说，底部气体的密度就要多 $\frac{1}{40\,000}$。同理，压力之差也等于 $\frac{1}{40\,000}$。假设在 n 个工业大气压下，此时的空气给 100 平方厘米施加压力的重力大小就是：

$$1\,000 \times n \times 100 = 100\,000n \text{（克）}$$

因为底部受到的压力大小是与这个值的四万分之一相等的。所以

$$\frac{100\,000n}{40\,000} = 2.5n \text{（克）}$$

这同样也是气体在容器中的质量大小。由于一个大气压下一升空气在常温中重 1.25 克，而该容器的容量是 2 升，所以

$$1.25 \times n \times 2 = 2.5n$$

最终这个问题就可以解决了。

13 水中的大象

【题】如图85所示，我们看到大象可以完全淹没在水中，呼吸的时候把鼻子伸到水面上来。但是当人用管子代替象鼻紧贴近嘴，模仿大象在水下时则会出现流血的情况，即使是最优秀的潜水员也不能幸免于难。为什么会出现这种情况呢？

图85

【解】对潜水员而言，用上面这种方法是十分适用的——在古代和中世

纪的时候就有人这样认为。尤其是在《征服深度》一书中作者格尤恩特这样写道："以前人们认为，潜水员只要身着的潜水服是特制不透水的，并且上面的导管与水上世界通氧可以保证，那么就可以潜入水下了；此时不但待在水下的时间可以不受限制，而且甚至可以在方便的时候在水底蹓来蹓去。"这个观点的存在被15世纪的一些图片所证实。从比较过象鼻和潜水员空气导管的亚里士多德的观点中我们还得到了一个启示。

如果以上所述是正确的，那么在水底潜水员就不会遇到任何问题了。但是很明显，这个说法被实验推翻了。我们得知，由于早期的潜水员知识比较缺乏，他们每次潜水时口耳鼻中会有出血的现象，而且在潜水之后都会留下严重的后遗症。

出现这种情况的原因是什么呢？维也纳学者什基格列尔在一战开战前不久完成的旨在科学解释潜水状况的研究就对这个问题进行了解释。

把头浸入水中之前，将鼻子用手指捏紧，并且在口中插入一个相当粗的长约30厘米的管子，呼吸通过水面的管子进行。当头没到水下几厘米的时候，呼吸就已经相当困难——做过这个实验的人都能知道这一点。在人完全不能呼吸的情况下，加长吸管后能够潜水多深？研究发现，呼吸在水柱为1米的时候就会完全停止。在进一步的研究实验中什基格列尔发现，在深度为60厘米的水下人只能停留3分钟，而停留30秒钟时是在1米处，仅停留6秒时是在1.5米处。如果人仅靠吸管呼吸被置于2米深的水下，出现的结果就是心脏在几秒钟后开始膨胀，并在此后的3个月内卧病不起。如图86，人在空气中（上图）与在水中（下图）时，在1个大气压的作用下，身体出现的变化，这也是人不能像大象那样在水中呼吸的原因。

那么怎样才能解释这一点呢？外部空气的压力会作用在人的胸腔、肺部和心脏的表面，这一点是不难理解的。除此之外，来自上面水层（等于潜水深度）的压力还作用在身体的表面。这个水的压力不仅会使呼吸困难，而且也阻碍了血液的循环。将血从腹腔和四肢挤压出来的正是这个压力，而且同时也挤压了相应的血管，所以心脏就无法从中吸收血液了。

针对这种情况，什基格列尔还对一些动物进行了一系列的研究。他在书中写道：

　　段时间后血液循环功能下降，脉搏不稳并间歇性停止跳动。如果外部压力继续加大，胸腔器官和四肢功能衰退，心脏和肺部供血也会停止。最后，动物的胸部细胞会受到挤压。即使压力差距不大，呼吸还是会变得很衰弱，甚至停止。

　　解剖上述实验中的动物，我们会发现，腹腔失血过多；而此处切口导致的流血量相当小：腹腔血管内几乎没有血；而解剖胸部时发现，器官充血过量：心脏和大多数血管一样因充血过多而胀裂；肺部也是这样。

　　由此可知，为什么外部压力加大时，潜水员肺部血管会破裂，而且口鼻中都会流血了。耳朵流血是因为过大的压力会导致鼓膜内充血（鼓膜内的压力比身体表面的小）。

　　有些人可能还会有疑问，就是我们为什么能在身体不受到伤害的情况

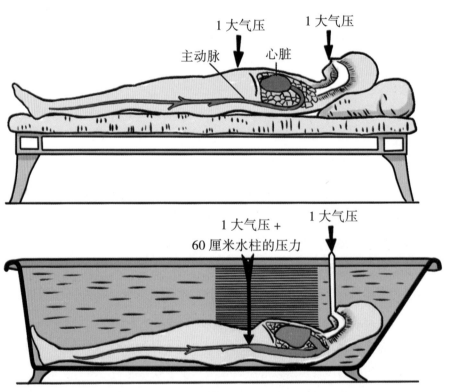

图 86

下，还能够潜入较深的水中待上较长的时间？这是因为潜入水下的情况是完全不一样的。潜水员在跳水之前，会吸入足够的空气到肺里；肺中的空气随着身体潜入水中受到的水的压力会越来越大，同时它也在向外施压，这个压力大小是与外部水的压力相等的，所以心脏内充血不会过量。同样，因为全身加压服中密封的空气压力与外部水的压力相等，所以身着潜水服的潜水员和水箱中的工人也就不会受到伤害了。

现在只剩下一个问题了，就是为什么大象没在水中时，将鼻子伸到水面呼吸就不会死亡？原因很简单，就只是因为它是大象：它有强健的身体和结实的肌肉。所以如果我们也能和大象那样，我们也可以不受伤害地潜入到这个深度了。

14 平流层中的气球吊舱为何不会爆裂

【题】有一个直径为2.4米、外壁为0.8毫米厚度的硬铝合金的热气球吊舱置于平流层中。

在飞行状态下，吊舱的内部压力不小于一个大气压，而外部空气的气压在吊舱处于22千米的高空中时约为0.07工程大气压。吊舱还受到内部压强的作用，这个压强为0.93千克/平方厘米。由此可以计算出，要将这个半球撑破只需要40吨的力就可以了。

那在这么大的压力下，吊舱为什么没有像空气泵中的儿童气球那样爆裂呢？

【解】毋庸置疑，要导致吊舱破裂需要很大的力，但是这并不能证明，上

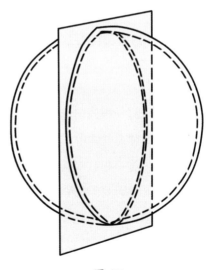

图 87

面的这个力就一定可以使吊舱破裂。我们可以具体计算一下吊舱若要破裂，每平方厘米上气囊截面受到的作用力会有多大。将球形吊舱撕裂成两半的力就等于：

$$0.93 \times \frac{\pi}{4} \times 240^2 \approx 42\,000\,（千克）$$

如图 87 所示，两个半球的接触面（应该考虑的是半球的投影平面，即圆圈的面积，而不是它的表面积）——圆形的表面受到这个力施加的作用。因为已知球形吊舱的厚度是 0.8 毫米（即 0.08 厘米），所以，可以求出这个圆形的表面积为

$$\pi \times 240 \times 0.08 \approx 60\,（平方厘米）$$

而 1 平方厘米上受力大小则为

$$42\,000 \div 60 = 700\,（千克）$$

就算吊舱的材料是钢，同时在 4 500 ~ 10 000 千克 / 平方厘米压强下，也会破裂。而相对于原来，此时的危险是它的 7~15 倍。

15 虹吸管的另一种用法

【题】将一根阀门绳引入高空气球的吊舱内。想要舱室内的空气不会逸散到外面的稀薄气体中，我们应该如何将其导入？

【解】将一根虹吸管安置在吊舱内，让它的长弯管与外界空气相通，如图 88 所示。将水银注入到管中。因为相对于外部压力来说，吊舱内部的压力不可能多出 1 个工程大气压，所以相对于短弯管来说，长弯管中的水银面不会高出 76 厘米。所以可以通过水银导入阀门绳，在绳运动时两个水银面之间的落差不会被影响到。由于绳子滑动的槽道一直都浸在水银中，所以可以大胆地拉动绳子，而不用担心将舱室中的空气放出去。

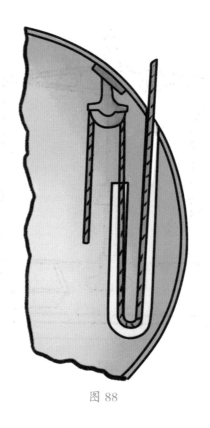

图 88

16 挂在天平上的气压计

【题】如图 89 所示，将气压柱的上端固定在秤盘上，在另一端加上砝码保持平衡。那么天平的平衡会因气压计上发生了变化的压强而打破吗？

【解】有些人会认为，由于在容器下部的水银上有水银柱支撑着，所以对支点不会造成压力，进而天平的平衡不会受到柱中水银面的变化的影响。但是事实上天平的平衡会被气压计上气压的任何变化破坏掉。

这是为什么呢？因为水银上部是空的，所以即使气压计上部受到一个大

图 89

气压，但是这个压强却不会受到内部的任何反作用。因此，不仅有气压计玻璃管，还有气压计管所受到的一个大气压才能和天平托盘上另一边的砝码保持平衡；由于大气作用在玻璃管截面的压力与管中的水银柱重量是相等的，所以砝码就和整个水银气压计保持平衡。这也就是为什么天平的平衡会被气压计上的任何变化（即玻璃管中水银面的任何波动）破坏。

人们根据这个原理发明了天平气压计，在这个气压计上面有一个记录气压指数的装置。

17 空气中的虹吸现象

【题】液体怎样才能在不借助任何仪器的情况下，产生虹吸现象？在这里，弯曲导管的方法我们不能使用，同时这种先向容器里冲入液体，再将虹吸管插入液体中（如图 90 所示，吸管几乎被液体充满）的能够使虹吸现象产生的通常方法也不能使用。

【解】要想虹吸现象出现，就需要管中液体超过弯曲处。而现在问题的重点在于怎样才能让液体在虹吸管中上升，直至容器中液体的高度被超过，达到虹吸管的弯曲处？

实际上要达到这个目的是不难的，只要我们能利用到下文所提到的液体的这种特性即可。尽管这个特性很简单明了，但是却很少被人们所注意到。

如图 91 所示，利用液体的特性可以产生虹吸现象，首先取一只管口大小合适、可以用大拇指封住的玻璃管。为防止水渗进管内，在把玻璃管放入水中之前，管口要先用拇指封严。但液体会在移开拇指时迅速地充入管中。这时我们会观察到，在刚开始时管中的水上升到了比容器中水位的高度还要高的位置，然后管中液体高度很快地就会和外边液体的高度一样了。

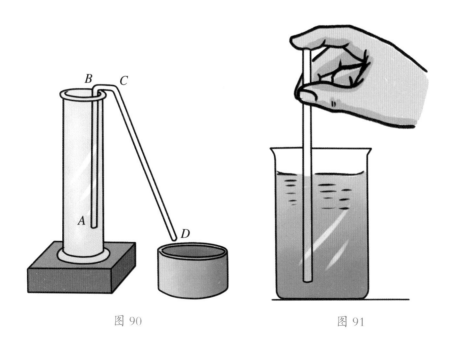

图 90   图 91

这里我们有个疑问，就是管中的液面为什么在开始时会比容器中的液面高呢？下面我们分析一下：将拇指松开的时候，管中液体在最低点的速度根据托里拆利公式得出：$v=\sqrt{2gH}$，公式中的 g 表示加速度，H 表示管子底端距离容器液面的深度。而在这之后，因为管中上升的那部分液体总是被其下的液体支撑，所以在管中液体上升的速度并没有因为重力而减小。这个实验与我们向上抛球的实验所观察到的现象是不一样的。因为玻璃管中液体在上升时总是受到其下上升液体的支撑，所以它不存在第二个运动；而向上抛掷的小球却是参与了向上的匀速运动（以起始速度匀速运动）和向下的匀加速运动（由重力引起）这两个运动。

　　由此，进入玻璃管中的液体与容器中液体的高度相等时，速度是等于液体的初始速度，即 $v=\sqrt{2gH}$。按照理论上来讲，液体应该再上升一个高度 H。但这个上升高度由于受摩擦力的作用很明显小于 H。同时，这个上升高度会随着玻璃管顶部的变窄而增加。

　　这样，对于虹吸现象的产生，我们就可以根据上述的内容来描述一下。将虹吸管的一端用大拇指封严，将另一端尽量深一些地放入液体中，以此来提升初始速度：因为随着 H 越大，$v=\sqrt{2gH}$ 就越大。随后从玻璃管口迅速移开拇指：这时虹吸现象会随着"液体上升超过玻璃管弯曲处，流入另一端管壁中"这个现象的出现而开始产生。

　　我们可以将上面所提到的虹吸发生的方法运用到现实中去，事实表明确实是很方便的。如图92 Ⅰ所示，图中所展示的就是这种自动虹吸现象。它的工作原理经过我们上述论述已经很明白了。所以如图92 Ⅱ所示，将虹吸管相应的部分的直径缩小，就可以尽可能地提升第二个弯曲点的高度。由此，当从管口粗的部分流入细的部分时，液体所升高的高度就会大些。

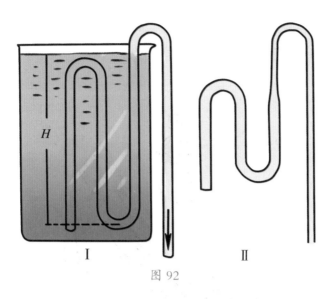

图 92

18 真空中的虹吸现象

【题】虹吸现象会在真空中发生吗？

【解】许多人——包括一些学生、中学教师，甚至一些较高级的专家，都十分肯定地认为真空中是无法利用虹吸作用来促使液体流动的。大多数中学教科书和相当一部分大学的教科书，都认为大气压是造成液体虹吸流动的唯一原因。

但实际上这是物理学上的一个偏见。"真空中的液体在虹吸作用下流动更典型。原则上液体虹吸现象的发生与大气压力毫无关系。"这是波里教授在他 1930 年所写的《力学和声学》一书序言中的观点。

如何在抛开大气压力影响的前提下来解释一下虹吸现象的原理呢？我在 1927 年所著的《技术物理学》一书里对此做了一些相关的论述（如图 93）：

因为虹吸管右半部分的液体柱长些，因此也就重些，所以它就会牵引液体并迫使液体不停地流向玻璃管的长端。通过与滑轮两端的绳子的对比可以很直观地理解这种现象。

图 93

可以观察一下，在我们所研究的现象中大气压是扮演什么样的角色呢？大气压只能阻止液体柱从虹吸管的管壁中流出，维持着液体的连续性。但是我们不需任何外力，一些所熟知的条件也可以维持液体的整体性。比如说液体的内聚力[1]就是其中之一。

在没有空气的环境下虹吸作用通常都会停止，尤其是当虹吸管顶端处产生了空气泡。但是，如果在玻璃管壁上没有一点空气痕迹，并且容器中的水与容器之间的摩擦力为零，仔细观察就会发现在真空中虹吸现象也会发生。在这种情况下是水的凝聚力阻止了水柱断裂。

在《力学和声学序言》这本著作中，波里教授更是明确地写道："在初等教程里经常把大气压力当作虹吸作用产生的原因。在某种前提下这么说也是正确的。虹吸作用的原理与大气压没有一点关系。"在对比滑轮两侧绳子的例子时，波里教授这样说道："这也同样适用于液体，它们也像固体一样有内聚力[2]。液体内部是极少存在气泡的……"书中还描述了通过虹吸作用促使液体流动的试验，其中两个负荷活塞或者另外一种小密度液体的压力代替了大气压的角色，这种条件下，即便水柱中含有空气，液柱也不会被它们的压力切断（见图 94 黄油中的汞柱虹吸试验）。这一点已经在月球上进行的实验中得到了证实。

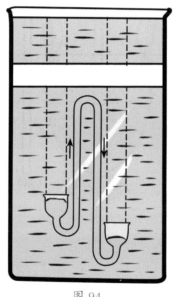

图 94

公元前 1 世纪，亚历山大时期的一位理学家和科学家——格伦，曾对虹吸现象的这一原理进行了解释。虽然两千多年前的解释在表达方式上与现在可能有所不同，但是本质上却是一致的。因为当时的格伦并不知道空气是有质量的，所以他并没有陷入现代物理学家们的误区之中。但他的原话对我们是很有借鉴意义的：

如果虹吸管外部管口和容器中液面处在同一水平面上，那么虹吸管中的水就不会流动，尽管里边充满了水。就像在天平上一样，水在这种情况下受力平衡。如果虹吸管外部管口低于容器中水的液面，水就会从虹吸管中流出，因为 *BC* 段水柱的质量比 *AB* 段水柱质量大，*AB* 段水柱就会重些，也就会牵引 *AB* 段水柱移动（如图95所示的格伦著作中的虹吸现象）。

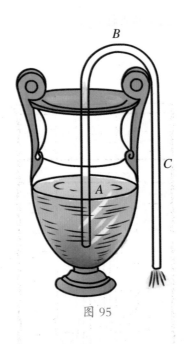

图 95

同时，格伦也预料到会有反对意见：假如虹吸管较短的管壁直径足够大的话，水向短管一侧流动的结论也可以用同样的解释方法得出。

注　释

①液体的内聚力是很大的，以水为例，水的内聚力为几万个大气压。也就是说，在这点上，液体的内聚力一点也不逊于固体；水的内聚力与钢丝的内聚力相当。液体很容易被切分为几部分，这个普遍的观点与上述观点一点

都不矛盾。在观察分割液体时，我们看到的只是表面分离，却没有看到内部分离。《普通物理学》一书中说："液体很容易被分割的事实并没有否定各部分之间的内聚力的存在，与此相似的是，有切口的纸条很容易撕开，而用同样的力很难将没有切口的纸撕开，这两个事实并不矛盾。"

②为什么雨衣不透水？这涉及两种力的对抗：内聚力和附着力。同一种物质的分子之间的相互作用力，叫作内聚力；而不同物质的分子之间的相互作用力，叫作附着力。在内聚力小于附着力的情况下，就会产生浸润现象；反之，则会出现不浸润现象。雨衣不透水，正是由于水的内聚力大于水对雨衣的附着力。

19 气体的虹吸现象

【题】我们可以利用虹吸的原理促使气体流动吗？

【解】可以根据虹吸的原理来促使气体流动。因为气体是没有内聚力的，所以大气压在这种情况下是必要的条件。比空气重的气体（比如二氧化碳）和液体这两者的虹吸原理是一样的，条件也是充有二氧化碳气体的两个容器其中一个要比另一个高。如图96所示，利用虹吸原理通过下面所述的条件也可以促使空气流动。在充满水的大试管中插入虹吸管的短臂，然后将试管倒着放入盛有水的容器里，同时要求试管口要低于容器中水的液面。将虹吸管一端口 D 用拇指封严，这样虹吸管在插入试管的过程中不会有水进入。然后我们会看到有气泡在打开 D 口后经过虹吸管进入试管中——这时就开始发生气体的虹吸现象了。那气体为什么是从外边进入试管内呢？这与 C 端的液体自下受到大气向上的压强有关系。大气压和 C 到液面 AB 间的水柱的压强之和就是自上而下受到的压强的大小，外部的空气受到它们之间的压强差的作用，从而进入试管里面。

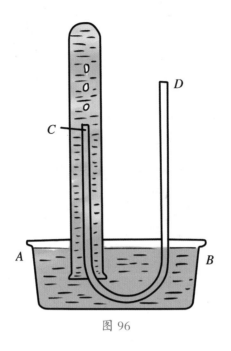

图 96

20 用抽水机往高处抽水

【题】如图 97 所示，抽水机能把水井里的水抽到多高？

【解】抽水机抽水的高度不会超过抽水机以上 10.3 米——这是大多数教科书上面所写的。很少人能够指出上面结论中的 10.3 米只是一个理论值，而实际上这个高度是无法达到的。我们不能忽略其中的两个因素：第一个因素是气体会不可避免地通过活塞和导管壁之间的缝隙渗入泵中；第二个因素则是在通常情况下水中会溶有气体（水中溶解的空气为其体积的 2%[①]）。活塞下面被抽空的空间在抽水机工作时被水中逸出的空气占据，水之所以上升不到理论的高度 10.3 米就是因为这些气体所产生的压力在阻碍着，致使水上升的高度降低了整整 3 米，也就是说水在水井汲水机里面上升的高度不会超过

图 97

7 米。

　　在现实中，使水越过小山丘达到另一边或者将水抬升至水坝上，就是利用这个近似极限值—— 7 米产生的虹吸现象实现的。

　　①参见问题"云层为什么不会掉下来"。

21　气体的扩散速度

　　【题】储有常压气体的储气瓶安装在气泵钟罩下面。假如气体在气瓶旋塞打开时，会向周围真空中以400米/秒的速度扩散。如果气体向外扩散时，气瓶中的初始气压是4个大气压，那么扩散的速度会是多少呢？

【解】也许有人会这样认为，被4倍压缩的气体的流动速度应该明显快很多。

根据玛里奥特定律，如果被压缩的气体的压强增大，但是在这个压强下流动的气体的密度也会以同样的比例增大。

换言之，流动气体的质量增加与它所受的压强的增加是成正比例关系的。同时我们又知道物体的加速度与它的质量成反比，而与它所受的力成正比，所以流出气体的加速度以及由加速度决定的速度与它本身的压强是没有关系的。

也就是说，压强大的气体的流动速度和压强小的气体的流动速度是相同的，因为气体流入真空的速度不取决于它所受到的压强。

22 不耗能发动机的设计方案

【题】因为抽水机活塞下的气体被抽空了，所以抽水机能把水往高处抽。实际上，水在所能达到的最大抽空度的条件下能被抽升7米。假如抽水做功仅仅和抽空气体所做的功是相等的，那么将水抽升1米所消耗的能量就等于抽升7米所消耗的能量。既然水泵有这个特性，那我们为什么不利用这个特性来设计不耗能的发动机呢？具体又要怎样设计呢？

【解】抽水运动确实仅仅是因为活塞下的空气被抽空产生的，但是水柱被抽水机抽升的高度决定着抽空空气所消耗的不同形式的能量。所以抽水机抽水运动与水被抽升的高度无关这种假设是错误的。

下面我们将把水抽升7米高度时活塞的单次运动过程与将水抽升至1米高度时活塞的单次运动过程做一下比较。

第一种情况下有一个大气压，即 10 米水柱（整 10 米）的压强作用在活塞上边。而缩小到 7 米水柱的压强和集留在活塞下面的气体的压强（从水中逸出来的气体）则是活塞下边所受到的气体的压强；因为 7 米是水抬升高度的极限，所以这个气体的压强很明显与 3 米水柱的压强是相等的。即克服水柱往高处汲送水所需的压强为（以高度代替压强）：10－（10－7－3）=10（米）水柱，也就是一个大气压。

第二种情况下，活塞上面所受的压强与将水汲送至7米高处所受的压强是相同的，即都是一个大气压。那么活塞下面所受到的压强就等于10－1－3=6（米）水柱，也就是说需要克服水柱的压强为10－6=4（米）水柱。由于将水汲送到7米处和将水汲送到1米处这两种情况下活塞的位移是相等的，所以前者所做的功是后者所做的功的10∶4=2.5倍。

所以，有个诱人的想法即设计一个无功耗的发动机便与实际一点也不切合了。

23 开水灭火

【题】由于火焰的热量能够被水蒸气迅速带走，并在火焰的周围形成蒸汽罩，使得火焰部分很难有空气达到，所以开水灭火的速度会比冷水更快。综上所述，消防员可不可以用水泵从带着的桶装开水中抽取热水来灭火？

【解】由于水蒸气会填补到原来活塞下被抽空的空间，压强为一个工程大气压，所以灭火泵不可能抽取热水。

24 储气罐的压力问题

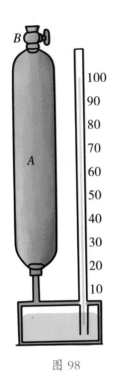

图 98

【题】如图98所示，常温气体（大于一个大气压）储存在储罐*A*中。气体压强的变化会通过压力计中的水银柱高度的变化显示出来。储罐里的气体在打开旋塞*B*时向外逸出，直到压力计中水银柱的高度降到标准大气压的水银柱高度。

尽管没有关闭旋塞，但是压力计的水银柱会在过了一段时间后又有回升。你知道为什么会发生这种现象吗？

【解】压力计中水银柱升高指示出储罐中气体的压强升高了。根据盖-吕萨克定律，在打开旋塞时，储气罐中气体的温度因气体的快速稀释，会迅速下降到常温之下。再过一段时间后，气体的温度又重新回升，它的压强也就随之升高了。所以，储气罐中气体的压强会增大也就不难理解了。

25 海底的小气泡

【题】假如，在8千米深的海洋底部出现了一个小气泡，那么它最后是否会浮到水面上来呢？

（150）

【解】假如按照每10米的水柱等于1个大气压来计算的话，那么海洋8千米深处的小水泡大约承受着800个工程大气压的压力。气体密度与其承受的压强成正比（根据玛里奥特定律可知）。在这里利用这个定律我们可以看出，在800个工程大气压下，气泡的密度应该是标准大气压的800倍。水密度为我们周围的空气的密度的770倍。所以可以说，小气泡是不会浮到水面上来的，因为大洋底部的气泡密度比水密度还要大。

但是空气的密度在200个工程大气压时会约变为原来的190倍，而不是200倍；它在400个工程大气压时，会变为原来的315倍；随着受到的压力越大，就与玛里奥特定律越不符合。空气密度在600个工程大气压时增幅只有387倍，在高于1 500个工程大气压时只变为510倍。气体密度随着压力越大，增幅越小。同样，液体也是如此。比如说，在2 000个工程大气压时，空气的密度只是变为标准大气压的584倍，与水的密度比值为3∶4[1]。由此可见，在800个工程大气压的环境中玛里奥特定律是不成立的，这样，上面的结论我们就是基于一种错误的假设了。

所以我们可以得知，相对于水的密度来说，在大洋底部的小气泡是不可能超过它的。小气泡一定会浮到海面上的，无论它在多深的地方产生——哪怕是11千米的海洋最深处[2]。

注 释

①新的实验表明，空气要想获得同水一样大的密度，需要5 000个工程大气压的压力。这要在50千米深的水下才会实现。

②马里亚纳海沟，又称"马里亚纳群岛海沟"，是目前所知地球上最深的海沟，有"海洋中的珠穆朗玛"之称，它大部分水深在8 000米以上，最深处的斐查兹海渊有11 034米深，是地球的最深点。即使将世界最高峰珠穆朗玛峰放进斐查兹海渊，它也会沉入海平面以下2 000余米。

26 真空中的锡格涅水车

【题】如图 99 所示，在真空中锡格涅水车还能够转动吗？

【解】有些人认为锡格涅水车在真空中是不会转动的，他们认定，正是因为空气对水流有斥力，所以水车才能转动。但是实际上，这个并不是锡格涅水车转动的唯一原因。仪器管道中的推力是由管道内部敞口部分和闭口部分水压的差别造成的，而不是来自外部。仪器是处在空气中还是处在真空中对这种压差来说是没有任何关系的。因此，相对于在空气中，在真空中的锡格涅水车转得一点也不慢，反而由于空气阻力的减少，还会转得更快一些。戈达尔——美国的物理学家，他曾经做过一个实验，就是把一把枪挂在抽气机的尾部，枪的射击产生的后坐力迫使小陀螺转动起来，从而成功地用这个方法进行了与上面水车相似的实验。

古人甚至现在还有很多人，包括很多国内外的工程师和物理学家还都在继续想当然地以为：飞行的火箭在真空中仅仅是依靠周围空气的后坐力来前进的。但是按照上面的原理，我们知道这种想法绝对是不正确的。

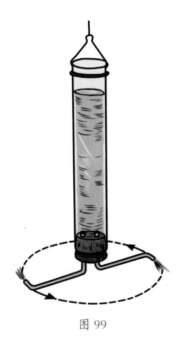

图 99

27 干燥和湿润空气的重量

【题】1 立方米的干燥空气和 1 立方米的湿润空气在相同的温度和压力下，你知道哪个重哪个轻吗？

【解】1 立方米干燥空气和 1 立方米蒸汽混合就成为了 1 立方米湿润空气。我们似乎可以按照这个思路得出这样的答案：相比 1 立方米干燥空气，1 立方米湿润空气因为其中会多出来蒸汽的重量，所以肯定是 1 立方米湿润空气要重。然而恰恰相反，这个结论是不正确的：实际上，干燥空气要比湿润空气重。

每种气体混合物成分的压强都会比该混合物的总压强小。而对于干燥空气和湿润空气而言，这个总压力都是相等的，所以气体体积单位的重量会随着压强减小而减小。

下面我们来详细分析一下：湿润空气中气体的压强我们用气压 f 来表示；那么 $1-f$ 就表示混合物中 1 立方米干燥空气的压强。假如在上述温度和气压下，r 表示 1 立方米蒸汽的重量；q 表示 1 立方米干燥空气的重量，那么在气压 f 下：

1 立方米蒸汽的重量就是 fr；

1 立方米空气的重量就是 $(1-f)q$；

1 立方米混合体的总重量就等于 $fr+(1-f)q$；

假如 $r < q$（事实确实如此，水蒸气相对分子质量为 18，空气的相对分子质量为 29），那么 $fr+(1-f)q < q$，即相比 1 立方米的干燥空气来说，1 立方米空气和蒸汽的混合物是要轻一些的。由于 $r < q$，也就有了下列的不等式：

$$fr < fq$$

$$fr+q < fq+q$$

$$fr+q-fq < q$$

$$fr+（1-f）q < q$$

这也就是说，在温度和压强相等的情况下，1 立方米的湿润空气要轻于 1 立方米的干燥空气。

28 最大真空度

【题】在最好的现代化空气泵[1]中，排除空气后，其中的空气稀薄程度是外界空气的多少倍？

【解】一般来说，借助现代化的空气泵，理想状态下的空气可达到的最大压强为一千亿分之一个大气压，即：

1 ： 100 000 000 000（阿米）

真空电灯泡[2]在长久使用而老化后，其空气的真空度也就约等于这个数值。真空电灯泡使用时间越长，其内部的压强会越大，在灯泡燃烧 250 小时后，其压强约变为原来的 1 000 倍。

注 释

①空气泵，也称"气泵"，是从一个封闭空间排除空气或向封闭空间内添加空气的一种装置。

②灯泡，由亨利·戈培尔发明（灯泡早在 1854 年就出现了，爱迪生不是发明了灯泡，而是找到了更合适的灯泡制作材料，即发明了实用性强的白炽灯）。美国加州利弗莫尔消防局的 6 号灯泡自 1901 年亮到现在，被吉尼斯世界纪录认证为世界上照明时间最长的灯泡。

29 "真空"是什么样的

【题】假如用最好的空气泵从 1 升的容器中抽取空气，那么该容器中能剩下的空气分子大概有多少？假如每人分得一个空气分子，那么这些空气分子足够分配给全莫斯科的人口吗？

【解】你能够猜出在 1 升容器中压强为原来一千亿倍的空气分子数量是多少吗？确实，我们不经过计算很难猜出一个近似值。下面我们来计算一下。

1 立方厘米在一个标准大气压下，空气中分子的数量为

$$27\ 000\ 000\ 000\ 000\ 000\ 000 = 27 \times 10^{18}$$

由此可知 1 升空气中分子的数量就是它的 1000 倍，即

$$27 \times 10^{21}$$

空气分子数量在压强为原来的一千亿倍时就为

$$27 \times 10^{21} : 10^{11} = 27 \times 10^{10}$$

相比地球的人口来说，这个数字是它的 40 倍！

对这个真空容器中分子的化学成分，我们感到很有兴趣。具体如下：

200 000 000 000	分子	氮
65 000 000 000	分子	氧
3 000 000 000	分子	氩
450 000 000	分子	二氧化碳
3 000 00	分子	氖
20 000	分子	氦
3 000	分子	氪

真是奇怪，为什么我们经常将数量如此之多成分如此复杂的分子叫作

"真空"呢？

假设将这些真空分子平均分配给每位莫斯科市民，那么约有5万个氮分子、1.5万个氧分子、700个氩分子、100个二氧化碳分子和1个氖分子分给每个人。

在宇宙中，这种想象的真空起着重要的作用。例如，相比我们实验室来说，猎户星座星云上物质的压强就是它完全"真空"气体的一百万倍。但是一些足以构成几十个太阳的物质就被这个天体的"超真空"所包含，因为它太庞大了。这个观念——"某些物质是另外一些物质的百万分之一"是宇宙结构最初形成的原因，一些天体随着太阳系的诞生也开始了自己漫长的进化过程。

在真空中每立方厘米包含有10个氢原子的物质——这是埃丁格顿计算出的。如果宇宙中有一个球体，半径为10光年，那么这个球体上就存在数量足以形成30个太阳的星际物质；同时也可能有好几个星体存在于这个庞然大物附近。相比所有能观测到的宇宙星体来说，星际空间的"真空"物质是它的3倍。所以说，我们所谓的宇宙空间也不是绝对真空。

30 地球大气为什么存在

【题】怎样解释地球大气的存在呢？空气中的分子是否会受到引力作用的影响呢？如果说空气受到引力作用，那它为什么是悬在空中，而不会落到地球表面上来呢？反之，如果说空气不受引力作用，那它为什么不会逸散到地球外部的空间中去呢？

【解】毫无疑问，空气分子是受到重力的作用影响的，尽管它们总是处于快速运动之中（相当于子弹的速度）。空气之所以不会逸散到宇宙空间中去，就是因为被地球引力降低了远离地表方向的那部分速度。那大气分子又为什么不会掉落到地面上来呢？那是因为大气分子的弹性很强，它们在碰撞到一起时就会自动弹开，在落到地表时它们也会被弹起来，所以尽管它们的确是在不断地下降，却总是位于一定的地表高度上。上层大气高度可以由分子的最快运动速度确定下来。尽管地球大气分子的平均速度约达到500米/秒，但是有些分子还是可以获得更快的速度，甚至一小部分分子的速度达到7倍之多，即3500米/秒。它们此时的运动高度就是：

$$H=\frac{v^2}{2g}=\frac{3500^2}{2\times9.8}\approx600\text{（千米）}$$

由此就可以解释：在地表600千米的高空处为什么还有大气存在了。

那么对这种现象人们又为什么会产生困惑呢？下面我们具体分析一下：分子的运动空间位于地表和大气层之间，在不考虑分子间的碰撞情况下，这个空间高度是600千米。这是我们曾经的观点。实际上我们知道，基本上气体分子的质量是一样的，在碰撞过程中分子就会像弹球一样影响各自的速度；也就是说，在运动时分子好像相互渗透了。尽管有各种不同气体组成了空气，但是由于它们之间可以相互渗透，所以在整个大气层之中就好像是同一个分子运动一样。

31 半满半空的储气罐

【题】一个储气罐，其中有一部分充满了气体，而另一部分则是空的。你认为这种现象是真的吗？

【解】有一部分人会认为上述情况是不可能出现的，即储气罐中一部分充满气体，而另一部分则是没有气体是空的。在他们看来，储气罐中只有一半充满了气体，这在物理学上来说就是一个谬论。因为他们会习惯性地认为，气体不管在什么情况下都会充满一个所提供的空间。

但是，这种荒谬现象的存在却是有一定的依据的。假设有一根立管，一直延伸到离地表1 000千米的高空处，将该管内部空间充气。无论立管是开口还是封闭，在立管的下部600千米处就是气体所在，而几百千米的上部却是没有气体的，这个结果是不会改变的。换言之，有些时候，气体不会从接触真空的开口容器中逸散出去。

　　在温度相当低的情况下，给高度较低（如几十米高）的容器充入某些气体，特别是重气体，同样的现象也是会发生的。

第四章 热现象

1 华氏温度计的由来

【题】在华氏温度计中水的沸点被标为212℃，你知道这是为什么吗？

【解】18世纪初期，物理学家华伦海特（当时定居在波兰的格但斯克市）为了发明自己的温度计，已经实验获得了比1709年西欧的严寒（1709年西欧经历了一次寒冬，当时西欧已经很久没有经历过这样长时间的严寒了）还要低的温度。他通过冷却氯化铵与盐的混合物得到了第一恒定温度。

华伦海特还通过借鉴牛顿在内的一系列前辈的实验，以人体的常温来确定了第二恒定温度。当时很流行一种说法：人体血液的温度永远不会被空气的温度超过，否则对人体来说气体是致命的。当然，这种说法是完全错误的。

第二恒定温度的分法又是怎样的呢？在最初，华伦海特将这个恒定温度标记为24℃，正好等于一天的小时数。但是这个标度被实践证明太大时，华伦海特又将每一度分成了原来的 $\frac{1}{4}$，由此人体的温度就被标示为 $24 \times 4 = 96$℃。这就是第二恒定温度的分法。华伦海特又在此基础上将水沸腾的温度标为212℃。

考虑到随着大气压的变化，水沸腾的温度也会发生变化，所以华伦海特并没有将水沸腾的温度定为自己温度计的恒定温度。从恒定这个意义上来说，人体的温度显然要更加可靠。同时还有一点要说明，相比今天我们所知道的35.5℃来说，在那个年代的人体温度要低一些。

2 温度计上刻度的长度

【题】在水银和酒精温度计中，刻度的长度是一样的吗？

【解】我们知道液体的体积会随着温度的升高而膨胀，且温度越接近沸点，体积的增幅会越大。所以，根据温度计中所装液体的热膨胀程度，就可以确定温度计刻度的长度。

在水银温度计和酒精温度计的刻度长度上，我们能够很轻易地就像刚才所说的那样找到区别。一般的温度在正常情况下距离水银的沸点357℃还很远，水银在0℃～100℃之间的膨胀幅度并不大。这种变化在某段指定温度范围内是不易观察到的，尽管水银柱在温度计的玻璃管中会随着温度的升高而上升，所以水银温度计的刻度划分差不多是一样的。

相比之下，日常温度距离酒精的沸点78℃是很近的，所以随着温度的升高酒精的膨胀幅度是显而易见的。假如说在0℃时酒精的体积是100，在30℃时是103，那么在78℃时体积就将大于110。

由此可见，与水银温度计不一样，酒精温度计的刻度划分是越向上越大的。

3 可测量750℃高温的温度计

【题】水银温度计的最大测量温度是多少呢？是否可以制成可测量750℃高温的温度计呢？

【解】用普通的玻璃管装水银温度计测量750℃的高温几乎是不可能的。因为我们都知道在500℃～600℃的高温下玻璃管会软化，而水银的沸点是357℃。但是确实又存在着这样的温度计。它所用的材料就是非常难熔的石英管（熔点是1 625℃），管道内部的汞柱下面装有氮气。汞柱会随着温度的升高膨胀压缩气体，同时随着气体压强的增大而变热。汞柱的沸点在高压下升高以至于在测到750℃的时候仍然是液体。理所当然，这样的温度计的造价也很昂贵。

或许你会说要测量这样高温的温度计有何用处呢？事实上，对现代科技的发展来说，测量这样高温的温度计确实是非常有用的。比如说，如果我们能够将使石油裂化的温度从450℃降到440℃，那么其中流失的含苯富油就会减少一半；而制造硬铝所使用的热加工条件也是十分苛刻的：5℃～10℃的温差就能够决定哪些是次品，哪些是合格品；要制造300个工程大气压的高压才能够合成氨，技术上在这种条件下需要高温支持精确到550℃，整个流程不能出现哪怕1℃的偏差。

4 温度计上度数的划分

【题】"温标的开始与结尾处的那一段长度的刻度表示的温度是不一样的。已经得到证实的是，相等长度的刻度表示的温度，与液体的体积有着正比关系。就是说，温度计玻璃管中相同刻度长度所表示的温度增量，不是恒定的。"这段话（摘自卡彭特的著作《现代科学》，由托尔斯泰翻译成俄语）对温度计装置的准确性提出了质疑。

卡彭特希望以此说明，假如1℃用刻度长度表示为1毫米，那么在汞柱的总体积增加的情况下，相对于100℃毫米汞柱所占的体积比例来说，0℃时毫米汞柱所占的体积比例要更大。所以批评者据此提出，进行刻度划分要根据相等的温度间隔是不科学的。

那么这种刻度划分确实是不正确的吗？人们会不会由此对借助液体和气体体积来测量温度丧失信心呢？

【解】卡彭特认为：规定的温度增量与被测温物质的体积增量是成绝对正比关系的。他与他人在"我们温度计刻度的划分是基于什么"这样一个问题上有过很多争论。这"他人"其中就包括托尔斯泰，但最终托尔斯泰还是认同了他的观点。

而批评者却持相反的观点，他们是这样认为的：规定的增量与被测温物体的体积增量只存在相对比例关系。

实际上都是在一定的条件下这两种观点才成立的，争论两方观点的对错就像争论测量长度是用英尺还是用米尺才是准确的一样。语言仅能够谈论在特定情况下哪种观点是合适的、便捷的。

其实在科学史上，卡彭特的观点曾经被著名的物理学家道尔顿提出过，即"道尔顿温标"[①]。绝对零度是不可能存在于这种温标体系之下的，整个热力学的研究会在接受这种体系划分时发生极大的变化。而这种变革不但不会简化，反而会使对自然规律的解释变得更加复杂。所以卡彭特和托尔斯泰在当时一定会遭到排斥的，因为他们在无意间试图恢复道尔顿温标。

在这里我们特别指出一种可以不依赖于某种物质的受热延展的温标，就是开尔文勋爵在 19 世纪中叶所制定的"热力学温标"。物体内部分子热运动完全停止时的温度，就是热力学温标的零度。根据卡诺定理制定了热力学温度的划分：在两个一定温度的热源间工作的一切可逆热机的热效率都相等[②]。

已有的实验证实了温度变化系统的合理性：热力学温标所测温度，与氢温度计或者氦温度计所测温度都是相符的。

注 释

①道尔顿提出一种温标：规定理想气体体积的相对增量正比于温度的增量，采用在标准大气压时，水的冰点温度为 0℃，沸点温度为 100℃。

②1954 年国际计量大会规定水的三相点（固、液、气三相平衡共存的唯一状态）的温度为 273.16 开。分子热运动停止时温度近似为 0 开。这样做出了热力学温度划分。

5 钢筋混凝土的热膨胀率

【题】在加热和冷却的过程中，为什么钢筋混凝土中钢筋和混凝土没有分离？

【解】我们已知：与铁的热膨胀率一样，混凝土的热膨胀率也是 0.000 012。所以，它们会在温度升高的同时膨胀而彼此分不开。

6 热膨胀系数最大的物体

【题】你知道哪种固体的热延展性比液体的还强吗？你又知道哪种液体的热延展性比气体的还强吗？

【解】蜡是固体中热膨胀率最大的物质，它的膨胀率甚至超过了很多液体的。随着种类的不同，蜡的热膨胀率也有所不同，大致在 0.000 3~0.001 5 之间，是铁的 25~120 倍。

液体中，水银的膨胀系数为 0.000 18，而煤油的膨胀系数为 0.001。毫无疑问，蜡的延展能力显然要强于水银，而某些种类的蜡的延展能力也强于煤油。

液体中膨胀率最强的物质应该算是乙醚，其膨胀率为 0.001 6，但严格来说，这并不是最高纪录。20℃状态下的 CO_3 呈液体状态，此时其膨胀系数为 0.015，是乙醚膨胀率的 9 倍，是它气体状态下的 4 倍。事实上，大多数时候液体在临界温度状态的膨胀系数会较该物质气态下有一个明显的增长。

7 热膨胀系数最小的物质

【题】你知道哪种物质的热延展性是最小的吗？

【解】石英的膨胀系数是0.000 000 3，相当于铁的$\frac{1}{40}$，是热膨胀率最小的物质。一个石英烧瓶（石英的熔点是1 625℃）被加热到1 000℃时，可以轻易地放入冰而不用担心烧瓶会损坏。

金刚石的膨胀率是0.000 000 8，比石英的稍大一些，但是仍然可以算作膨胀率很小的物质了。

因瓦铁镍合金钢（名称来源于拉丁语，意为"不变的"）的膨胀率为0.000 009，是普通钢膨胀率的$\frac{1}{80}$，是金属中膨胀率最小的物质。这种钢中包含有36%的镍、0.4%的碳和0.4%的锰。即使在极大的温差变化条件下，这种钢的体积也不会有明显的变化。因瓦铁镍合金钢之所以会常常被用于精密仪器（如钟表齿轮）的制造以及一些长度测量工具的制造上，就是因为它的如此小的膨胀率。

8 反常的热缩冷胀现象

【题】你知道什么样的固体会遇热收缩而遇冷膨胀吗？

【解】一般来说，大自然中的物质都是热胀冷缩的。一说到因冷却而膨胀的物质，有些人会不加思索地认为是冰。但是我们不要忘了，冰本身在冷却中并没有膨胀而是在紧缩，就像自然界中的大多数物质那样。水膨胀的反常现象只存在于液体凝固的情况之下。

但是在某些低温状态下有些固体还是会膨胀，比如说金刚石、铜的低氧化物、绿宝石等。在-42℃左右的低温下，金刚石开始膨胀；在-4℃的寒冷中，铜的低氧化物和绿宝石也有类似的性质。也就是说，相应的物质在-42℃和-4℃的时候就像水在4℃时一样有着最大的密度。

在常温下遇冷就会膨胀就是碘化银的一个特性。被重物拉动时橡胶钉也具有这种性质：由于生热它反倒会产生收缩。

9 铁板上的小孔

【题】用放大镜在宽1米的正方形铁片上可以看到一个0.1平方毫米左右（头发丝直径大小）的小孔。有观点认为可以通过改变铁片的温度，使这个小孔闭合起来，你认为这样的方法有效吗？

【解】铁板上的小孔会因为对铁板进行足够的加热产生的热膨胀而消失——这种观点是不正确的。因为没有任何一种物质会带来这样的效果。在加热中，铁板上的孔洞只会越变越大，而不会有一点减小。

下面的推理可以证明这一点。依据上面的观点，假如本来就没有孔的存在，那么在加热过程中"物质充裕"的铁板会膨胀挤向周边，就会产生皱纹和间隙。但是事实上，却从来就没有发生过这个现象，即在加热中同一物体会因膨胀而产生皱纹和空隙。

综上所述可知，就像完好无损的铁板一样，在加热中带洞的铁板的孔洞只会变大。

由此可知，某一点的热膨胀率和周边的膨胀率是一致的。所以任何容器、导管和带有内腔的物体都是整体随着加热和冷却，随之膨胀和缩小的。

现在我们知道用加热的方法只能使孔洞变得更大而不能使其闭合，那么能不能用冷却的方法来实现这一点呢？

答案也是不行的。任何物体，不管其热延展率有多大，都不可能通过冷却的方式闭合小孔。我们已知，在冷却的过程中，小孔就像所有其他与它有着相同大小的物质实体一样会缩小；但是这些物质是不会因为遇冷就消失的，即使它们的实体会缩到很小。同理，孔洞再小也不可能因为温度的降低而闭合。

铁的热膨胀率是 0.000 012，而它冷却的极限，也就是绝对零度是 –273℃。换言之，铁板孔洞只会减少自己原来直径的 0.000 012 × 273 倍，即千分之三左右。所以，这种情况下，铁板上的孔洞不会因为受冷而有明显的减小。

10 热膨胀的力量有多大

【题】铁棍或汞柱受热膨胀时，我们可不可以通过外力进行强行阻止？

【解】热胀和冷缩都是具有相当大的力量的，有两个例子可以说明这一点。其一，有人曾做过一个实验：一根手指粗的铁棒被因受冷而压在一起的磨刀石折断了；其二，有一部著名的短篇小说（这篇小说曾经被列夫·托尔斯泰[1]率先简要地转述在我国一本中学的文学读本上），曾讲述到拿破仑一世时期矫正巴黎手工艺术学院的一面歪斜石墙的故事。所以很多人都会有这样一种观点：试图阻止加热中的固体或者液体是件很不明智的事情，因为一般来说没有什么能够阻止热膨胀力。

分子力是不可能无限大的，不管热膨胀所产生的分子力有多大，也不管这个"隐藏的巨人"有多强壮。所以上述说法是不一定正确的。比如说，在1平方厘米的铁杆横截面上需要施加一个压缩的力，来阻止这根铁杆从0℃到20℃加热膨胀，我们不难计算出这个力的大小，因为我们知道该材料线性膨胀的系数，即铁的膨胀系数是0.000 012，然后我们再测量出该材料的机械拉伸阻力就可以了。机械拉伸阻力，即弹性系数，也被称为杨氏指数。例如，铁的弹性系数是每平方厘米2 000 000牛，这个意思就是说铁杆会在每平方厘米1牛的拉力的作用下伸长自身长度的1/2 000 000，同样也会在同等的压力作用下缩短相应的长度。由此可知，想要阻止铁杆因为温度升高20℃而伸长，就要向铁杆截面施加一个力为：

$$0.000\ 24 \div \frac{1}{2\ 000\ 000} = 480（牛）$$

（其中的0.000 24是通过0.000 012×20＝0.000 24得出的，也就是说这个拉伸的长度是自身原长度的0.000 24倍。）

上述内容表明，铁杆的温度从0℃加热到20℃时，只要有480牛的压力就可以阻止铁杆膨胀，这是铁在如此情况加热时的平均情况。

由此，足以影响温度计中的汞柱受热膨胀时的压力。这里我们仍然用0℃到20℃的变化举例。0.000 18是水银的热膨胀系数，弹性系数方面长度随着压力每施加1牛，就减少原长度的0.000 003倍。

那么水银会在温度升高20℃的情况下，膨胀自身长度的0.000 18×20＝0.003 6倍。所以只要在每平方厘米上施加一个0.003 6÷0.000 003＝1 200（牛）的力，就可以阻止这个增长。

当然在实际运用之中，在温度计中充满了氮气的情况下，50～100个工程大气压的气压是不会对水银的膨胀产生明显的阻碍作用的。

注　释

①托尔斯泰所著的《阅读的第一本书》中曾引述过这样一个故事：“有一次，巴黎有一间房子的墙裂开了，人们想在不破坏房顶的情况下把两面墙合拢。后来，有一个人想出了一个办法：他在两面墙上各钉入一个铁环，然后找来一根铁棍，长度刚好和两个铁环中间的距离差一点点。接着，他在铁棍的两端各折出一个钩子，以便能够套进铁环。下一步，他开始用火加热这根铁棍，使铁棍的长度膨胀到刚好到达这两个铁环之间的距离。这时他把钩子套进铁环里。当铁棍开始冷却紧缩时，两面墙就被拉在了一起。”事实上，故事中所讲述的合拢两面墙的方法并不真实，而是被严重歪曲了。

11 水管里小气泡的变化

【题】随着温度的变化，水管里的小气泡也会随之变化，那么你知道气泡会在热天更大呢，还是会在冷天更大呢？

【解】会有人常常这样认为：因为在热天时气泡里的气体会膨胀，所以水管里的小气泡在天热时会比天冷时更大。但是还有一点不能忘记，就是封闭的液体环境在这种条件下是不会允许气泡膨胀的。整个水管每个部分都在变热——坚硬的边框、玻璃管、液体、气泡里的气体等，虽然边框和玻璃管的膨胀不是很明显，但是相比玻璃管来说，液体的膨胀要显著得多并因此压缩了液体中的气泡。

由此可见，其实在炎热的天气下小气泡要比冷天时小。

12 空气的流动

【题】"所有房间的通风孔都是用来进行气体交换的。那些加热过的气体从通风孔逃逸，它们空出来的空间被从门缝里溜进来甚至是从墙里渗入的新鲜空气填满。火炉上方有一个敞开的小门，使火炉维持良好的通风。木柴的燃烧需要空气中的氧气，房间里的空气被强力吸入火炉里。燃烧使得这部分空气不再返回房间，而是直接从烟囱里飞走了。房间里空出来的空间也就再次被外面的新鲜空气所占据。"这段话摘自一本科技杂志，描述了温暖房间里气体交换的情形。

那么你认为上面关于空气流动的描述是正确的吗？

【解】自然界的物体被分为轻物和重物两种，重物下沉，而轻物浮于表面——这种说法是基于三百年前，在人们当中流传着一种谁也不曾怀疑的关于大气压的"真空恐惧"理论。然而事情并不是这个样子，就好像热气被拽到了通风孔，而为了填充被腾空的地方新鲜的空气从外面跑了进来那样。热空气若不是被下沉的冷空气挤压，是不会自己上升的。所以，刚才的那种说法是混淆了原因和结果。

"真空恐惧"的最终解释是由托里拆利的著名实验给出的，实验对关于轻物趋于上升的学说进行了尖锐的嘲笑。托里拆利在他的《学术读书笔记》中这样写道：

有一天海洋女神们打算编写一部物理教程。在大洋的最深处她们开办了自己的学院，并开始向海洋居民们传授基本物理知识，就像今天我们中学所做的那样。好学的海洋女神们注意到，她们平常使用的所有物体也是分成两部分：一部分下沉，一部分上升。并没有考虑在不同的环境下情况会有所不同，她们就得出结论：像土地、石头、金属是重物，因为它们在海中下沉；而另一些比如空气、蜡、大部分植物都是轻物，因为它们会浮到海面……海洋女神们好像犯了一个大错误：很多在我们人类看来属于重物的东西在她们看来都被归入轻物行列……其实这是完全可以原谅的。我曾想象自己生长在一片水银的海洋。我也会不得不写出类似的论文。我推论的依据同样是：在这样的海洋中生活多年使我确信，除了金子之外的所有物质都不可能沉到海底，除非它们被海底的什么东西绑了起来。所有的物体都具有脱离自然位置上升的趋势，只有金子会在水银海里下沉。同理，在蝾螈火怪（如果真的有这种生物的话，传说它们生长在火里）的物理世界中，它们会认为所有的物体都是重物，连空气也不例外。

在亚里士多德的著作中也曾做过这样的定义：自然界中的重物都有向下的趋势，轻物都有上升的趋势。这样的结论就和那些海洋女神的结论是一样的了。这只是通过感性得出的，并没有经过理性的思考。

这种观念在托里拆利后又经过了几个世纪的时间，还依然没有消除。至今关于"热空气上升，冷空气填充了剩余的空间"的说法还对许多读者造成误导。

171

13 雪和木头的导热率

【题】假如木墙和雪层的厚度是一样的，那么你知道两者中哪个隔冷的效果更好吗？

【解】木头的导热率更高，雪的导热率仅为木头的$\frac{1}{5}$——这也就意味着雪的保温能力更好——雪微小的导热率为土壤保温创造了条件，这让雪罩在大地上时，就像为大地铺上了一层棉被。

雪的低导热率取决于它松软叠积的内部结构。雪的内部充满了空气，比重达90%。这些空气并不是指雪粒空隙之间的部分，而是储藏于雪的小冰晶内部，形成了气泡。

14 铜锅和生铁锅

【题】有两只锅，一只是铜锅，一只是生铁锅，那么你知道用哪只锅加热食物会更快一些？

【解】在火上煮饭，用铜锅要比用铁锅熟得快一些。铜的导热率是生铁的8倍，这意味着在一块铜片上传递的热量在单位时间内相同的温度环境下是同厚度生铁片的8倍。所以，要想食物热得快一些就要用铜锅。

15 冬天涂上腻子的窗框

【题】为什么有些粉刷匠在冬天会建议在涂着腻子的窗框外面，再装上一个留有缝隙、没有涂好的窗框呢？你知道这里面有什么物理依据吗？

【解】当封闭在两层窗框间的空气与房间里及外部的空气完全隔绝时，装上双层窗框才能减少房间的热损失。假如外部的窗框上有没有涂好的缝隙，框间稍暖的区域就会被外部的冷空气钻入，同时冷空气受热以后与外部新的冷空气会进行新一轮的空气交换。空气在夹层间进行交换会影响到房间内空气的温度，最终房间内的空气会渐渐地变冷。要想绝热效果越明显，窗框就要涂得越好。

这种办法可以促进窗框间的空气流通，对降低框间的空气湿度是很有帮助的，进而可以保护窗户玻璃不会结冰。这是支持装带缝隙的外窗的人持有的观点。但是，仅为了一点空气流通就把里外的热平衡破坏掉是很不划算的。确实，不能否认在一定程度上通风可以降低窗间的水汽密度（也不多，就几克而已）；但是窗户的结冰与此关系是不大的。进一步说，这种方法会导致朝向屋里的这一面窗户上结冰，因为对流造成的窗间空气的变冷，室内窗户玻璃上面就会有空气沉积。

16　在炉火房间里为什么会觉得热

【题】我们都知道，热量会从高温物体传向低温物体。但即使是在一间有炉火的温暖房间里，相对于周围的空气来说，我们的体温还是要高一些，你可知道为什么这种情况下，我们不会感觉冷，反而还是会觉得热呢？

【解】房间内的空气温度最多只有20℃，而人体表的温度在20℃～35℃之间不等（脚底约20℃，脸部约有35℃）。所以说房间空气与人体之间直接的热传递是不可能的。既然这样，那人在有炉火的房间里为什么会感觉到热呢？这只是因为那层贴在体表的空气是个很糟糕的热导体，对体热的散发起了阻碍作用，就是说我们身体的热损失被延迟了；而不是因为身体从空气中吸收了热量。由于人的机体的温暖使这层贴着身体的空气会变热，然后被冷空气向上挤压出去；又因为同样的过程新来的空气被更新的空气所替换。人体耗费热空气的速度在这个过程中是很慢的。所以在有炉火的房间里我们会感到热。

17 河底的水温

【题】与冬天相比，夏天河底的水温是不是会更高一些呢？

【解】人们通常有这样一种观点：河底深处水的温度是4℃，且这个温度会保持全年不变——因为水的密度在这个温度时最大。但是，这个说法只适用于真正的淡水池和湖泊，而河水的温度是均匀分布的（教科书上一般都持这种观点）。在河水中既有上下纵向对流，也有很多难以肉眼辨别的横向对流。河水的每一部分可以说永远都是在相互搅拌中的，所以相比河水表面温度来说，河底的温度几乎与它是一样的。维利卡诺夫教授在他的著作《陆地水文学》一书中这样写道："在所有的温度交换中这种交换是非常迅速的，很快便可以波及河底。即便是极其深的河流，用极其精密的温度计也很难测出不同水层间的温差。"

所以在夏天河流底部的水温应该会比冬天时要高——这就是我们由此得出的答案。

18 河水为什么不结冰

【题】在零下好几度的温度里，快速流动的河水为什么仍然不会结冰呢？

【解】许多人会认为，由于有一部分水在运动，所以流动的河水结冰较迟。但是这个结论却并不是事实。水分子只要存在就会有运动，每秒钟的速度甚至可达到几百米；所以附加的1米/秒～2米/秒的运动不会对它有任何影响。尤为重要的是，无论是纵向的对流还是涡流，河水的运动对单个水分子间的相互运动不会产生什么影响，它带动的是大量水分子的集合。也就是说，水的热状况是不会改变的。

但是，从另外一种意义上来讲，水的运动确实会有条件地延迟河流的结冰。快速流动的水阻碍了结冰是因为流动使河表面和底层的水搅拌在了一起，平衡力各部分水之间的温差，而不是它自身的原因，不是因为"严寒无力使水分子的运动停滞"。表层水会在河表面的温度降到零度以下后被混合到了还没有被冷却的底部的水中，由此表层水又回到了零度以上。只有在所有的河水从底部就已经降到零度以下后，真正的结冰才能开始，而这需要经过很长的时间。需要的时间随着河水越深就越长。

19 高空上的空气温度为什么比下面的要低

【题】相比下面的空气来说，为什么高空的空气要冷一些？

【解】几十年前，伦敦气象学学会的主席阿奇巴尔德曾提出这样的问题："为什么温度会随着高度的增加而降低？可能没有什么问题的结论解释起来能比这个更让人困惑了。"至今仍然有很多人不能正确地解释这一现象，所以再次提出这个问题仍然是很有意义的。

在解释中通常需要指出：太阳光供热对大气的影响是很微弱的，而地球表面的热量传导是大气热量的大半来源。

几年前，有一本科普读物曾这样回答读者的提问："地球的主要热源是太阳。阳光可以自由地穿过大气层却没有使它变热。落到地表的光线把热量传给了土地，地表的空气因为土地的热量才变热。这就是上层的空气要比下层的冷的原因。"

但是问题是，在煤油炉上给锅里的水加热时面临着同样的条件：水通过被加热的锅底的热传导获得了热量，而相对于下部的水来说，上层的水所获得的热量并不比它少。原因就是，在"对流"过程中获得热量的下层液体一直被搅拌着。假如大气也是流动的，那么它们的温度在上下层大气的对流中也应该是一样的。然而实际上空气各处的温度却不是一样的。那这到底是怎么回事呢？

为了完成"上升"这样一种工作，上升的空气必须消耗能量，而这个能量恰好是来自于自己的热能储备。每千克空气上升400米需要损耗能量400焦耳。由此可以得知，因为空气的单位热容平均为1焦耳，所以温度会随着上升100米而下降1℃。这种降幅和实际测量是一样的。用这种非常讨巧的回答方式，很多权威的文献回答了这个问题。

然而上述的解释却并不完整，尽管取得了数据上令人满意的一致。它是基于"好像上升的气流真的是在完成工作"这样一种很错误的假设。就像浮在水面的木塞儿一样，空气是没有做多少功的。

从水底升到水面并不是木塞儿自己在做功，相反它是被做了功。上升的空气完全可以认为是被下沉的冷空气挤跑的；大量冷气团下降的能量促成了这项工作的完成。或者说，向上射出的子弹变冷难道也是因为消耗了自身的能量吗？当然不可能是。伴随着子弹势能的增加，它的动能会减少；机械能不会大量转化为热能是由能量守恒定律决定的。

另一种关于高空大气变冷的解释的错误之处还需要我们分析明了：在重力的影响下，上升气流的空气分子会随着高度的增加而减缓自己的运动速度。而温度的下降恰好是由于分子运动的减缓而造成的。有一位大科学家麦克斯韦就曾经被这个错误困扰了很久，虽然后来在他的《热学理论》一书中他纠正了这一点，他在书中这样写道："重力并不会对气团中的温度分布产生任何影响。"必须认识到，对于所有分子来说，重力造成的气体分子的位移都是一样的，它们之间只会发生平行的移动，它们之间的相互位置不会发生任何变化。气体温度之所以不会发生变化是因为分子热运动并没有被破坏。

在上升中空气冷却的真正原因是一种所谓膨胀绝热性的概念。在上升的过程中越来越稀薄的气体单位面积受到的压力减少，于是气团膨胀起来，而膨胀代价就是消耗热能。不需要借助任何外在的能量，气体便可以改变自身压力的状态就叫作"绝热性"。

这种现象用数字量化是这样的。假如用T_0表示近地面的空气温度，在高度h上的空气温度用T_h表示，相应两点的气压用P_0和P_h表示，那么空气升高高度h温度就会下降为：

$$T_0-T_h=T_0\left[\left(\frac{P_0}{P_h}\right)^{1-\frac{1}{K}}-1\right]$$

这里的 K 表示空气恒压比热和恒容比热的比值。对于空气来说，$K=1.4$，所以

$$1-\frac{1}{K}=0.29$$

我们用一个具体的例子来计算一下在 5.5 千米的高度上，空气气压减小为地表气压$\frac{1}{2}$时的情况。在这里不考虑空气的湿度，假设空气是干燥的。

从 $T_0-T_h=T_0\left(2^{0.29}-1\right)=0.22T_0$ 可得出

$$T_h=0.78T_0$$

如果 17℃ 或者说 290 开，就是地面的温度，那么

$$T_h=0.78\times290=226（开）$$

即 h 高度的气温大约降低了 –49℃ ~ –47℃，接近于每升高 100 米就降低 1℃。

但是实际上计算结果还是会有所变化的，因为空气随时都在受到水蒸气的影响：每升高 100 米，对于干燥的空气来说就降低 1℃，而对于湿润空气来说大约就只有 0.5℃。

总而言之，因为绝热膨胀上升的气团会冷却，因为绝热压缩下沉的气团会发热。相对于近地面空气温度来说，上层的空气温度总会低一些。因此，同时受热的情况下，混合的气团与下层的大气却不可能获得同样的温度。

小贴士

空气湿度为零的情况偶尔也会出现。1930年5月,气象学家莱特里就曾在海拔670米、气温20℃的土耳其某地测量到了零湿度的天气。1931年,我自己也曾经在中亚海拔700米的阿乌里阿塔遇到过这种现象。当时,我口袋中的湿度计两次显示了零湿度,但我和我的同伴并未出现任何异样的感受。

20 水温与加热的速度

【题】相比水在煤油炉中从10℃加热到20℃来说,水从90℃加热到100℃用的时间会更长一些吗?

【解】我们在不同的时间亲自去体会一下水加热的过程,就可以得出:尽管说因为蒸发作用,其实到后来水的总量是越来越少的,但是相比水温从0℃加热到10℃所需要的时间来说,水温从90℃升至100℃所需要的时间要长一些。这是为什么呢? 原因就是:炉火的热量被分散了。一方面用于加快水的蒸发,另一方面在长时间加热的同时还要补偿水遭受的热量损失。相比在0℃~20℃时来说,水在90℃~100℃的高温时会释放更多的能量;所以尽管水是在均匀地加热,但是水温提高会随着对水加热得越来越猛烈而越来越慢。

21 蜡烛火焰的最高温度

【题】你知道蜡烛火焰的温度最高可以达到多少吗?

【解】你可能根本想象不到,烛火的最高温度竟然可高达1 600℃。通常情况下,人们预估中的烛火温度会低很多。

22 为什么钉子在烛火中不会熔化

【题】你知道为什么放入烛火中的钉子不会熔化吗？

【解】也许有些人会说，肯定是火焰还不够热的原因。但是我们现在已经知道了火焰的温度能够达到 1 600℃左右，相比铁的熔点还要高出 100℃。这就说明，虽然铁不会熔化，但是火焰的温度也是够热的了。

原因就在于，铁在被加热的同时还在向外辐射能量。物体的辐射会随着温度越来越高而越来越强，热损失也就越来越大；温度会在热补给与热耗损持平时不再升高。

因为钉子的温度最高也就与火焰的温度相等，想要钉子能够熔化，就需要把钉子的每一部分都完全全地放入火里。但是一般情况下钉子只有一部分可以放入烛火中，而凸出来的一部分会不断地释放热量。这时在还没有等到钉子被加热到自己熔点的时候，铁钉就非常早地出现了热收入和热支出平衡的情况。

因此，钉子之所以不能在烛火里被熔化，是因为火还没有大到能够把钉子全部包住，而不是因为火焰的温度不够。

23 什么是"卡路里"

【题】我们已知：将 1 千克水在 1 个大气压下加热，使其从 14.5℃升到 15.5℃，这其中所需要的热量就定为 1 卡路里[1]。那么你知道为什么要这样定义吗？

【解】水从 0℃加热到 27℃，每一度所需要的热量是在逐渐减少的；而从 27℃开始，每度又在增加。由此可见，在不同的温度段，水温每上升 1℃所需要的热量并不是一样的。因此，只有明确指出，是在什么样的温度条件下加热 1℃所需要的热量，才能够准确地定义卡路里。

对卡路里按照国际惯例的精确定义为：使水从 14.5℃升温到 15.5℃所需要的热量就是卡路里。人们为了测定这个标准，从 0℃到 100℃的无数温度间隔中进行了 150 次测量才得出了平均值，进而标准卡路里就选择了 15℃时候的热量值。相比 15℃区间来说，从 0℃加热到 1℃所需要的热量大约要少 0.8%。

注　释

①这里，"卡路里"是作为热力学的标准单位出现的，现在国际标准热力学的标准单位为"焦耳"，"卡路里"已不再做为热力学标准单位使用。但目前营养学的领域仍然在使用这一称呼，用以计算食物热量，1 卡路里 =4.1855 焦耳。

24　加热三种状态下的水

【题】取相同重量的液态水、冰和水蒸气，分别将它们加热相同的度数，你知道加热哪一个所需的热量最大，哪一个所需的热量最小吗？

【解】其中，液态水加热所需的热量最多，其次是冰①，而加热水蒸气②所需的热量是最少的。

注　释

①冰的比热容为 2.11 千焦/（千克·开尔文）。
②水蒸气的比热容为 2 千焦/（千克·开尔文）。

25 加热 1 立方厘米的铜

【题】需要多少热量才能将 1 立方厘米的铜加热 1℃呢？

【解】需要多少热量才能把 1 立方厘米的铜加热 1℃？肯定会有人给出这样的答案：根据铜的比热容[1]，所需热量约为 0.4 焦耳。但事实上这个答案是错误的。因为他们忘记了比热容不是相对于体积，而是相对于质量而言的；不是针对 1 立方厘米，而是针对 1 千克而言的。所以，将 1 立方厘米（密度为 9 克 / 立方厘米）的铜加热 1℃需要的热量应为 9×0.4=3.6 焦耳，而不是 0.4 焦耳。

注 释

①铜的比热容约为 $0.4×10^3$ 焦耳 /（千克·开尔文），表示让 1 千克的铜温度升高（降低）1℃吸收（放出）的热量为 $0.4×10^3$ 焦耳 /（千克·开尔文）。

26 比热容最大的物质

【题】（1）你知道固体中谁的比热容最大吗？

（2）你知道液体中谁的比热容最大吗？

（3）你知道所有物质中比热容最大的是什么吗？

【解】（1）锂金属的比热容等于 4.35 千焦 /（千克·开尔文），被加热所需要的热量最多，所以在所有固体中，锂金属的比热容最大，是冰的两倍。

（2）也许很多人会认为水是所有液体中比热容最大的，其实是错误的。液态氢的比热容为 26.8 千焦 /（千克·开尔文），也是液体中比热容最大的。此外，液态氨的比热容也大于水，虽然只是大那么一丁点。

（3）氢是自然界无论固体、液体、气体的所有物质中比热容最大的。在常温常压气态下它的比热容为 14.2 千焦 /（千克·开尔文），液体是 26.8 千焦 /（千克·开尔文）——刚才所提到的。在气态下氦气的比热容为 5.2 千焦 /（千克·开尔文），也比水的更高。

27 常见食品的比热容

【题】比热容在食品中有哪些实际作用呢？首先，了解一些食品的比热容知识，有助于更好地冷藏食物。你知道这些食物——牛奶、鸡蛋、鱼、肉的比热容吗？

【解】一些常见的食品单位质量所含的热量如下：

> 牛奶·············3.8 焦
>
> 鸡蛋·············3.3 焦
>
> 鱼···············2.9 焦
>
> 猪肉·············2.9 焦

28 熔点最低的金属

【题】你知道常温下熔点最低的固体金属是哪一个吗？

【解】一种叫作伍德易合金的东西的熔点是常温下固体中所有金属中熔点较低的，它是由 15% 的铋、8% 的铅、4% 的锡和 4% 的镉组成的。而它在 70℃的时候就会熔化。还有一种熔点更低的金属叫作"立波维茨合金"，这种合金在 60℃的时候就会熔化。它的镉含量更低，只有 3%——这就是它与伍德易合金的区别所在。

在金属中尽管这种合金的熔点很低，但是还有一些金属的熔点更低，比如说铯的熔点就只有 28.5℃。

又比如金属镓的熔点只有 30℃。要使它熔化，只需要轻轻地含在嘴里就可以了。

1860 年人类就发现了铯，但是这种矿被大量发现却是在 1882 年。

1875 年被发现的镓是位于元素周期表中的第 31 号元素，之后它的价值很快就涨到了金的 100 倍。但是现在已经可以用一种十分先进的方法将镓金属从镓矿中提炼出来，从而使得这种金属被工业广泛应用成为了可能。

金属镓曾经作为水银的替代品被应用到温度计中，这是它早先最实际的用途。而现在这种金属主要被应用到半导体材料的生产中。尽管它的熔点不高，只有 30℃，但是它的沸点却达到了 2 300℃。这就说明了它的液态范围是从 30℃到 2 300℃。虽然理论上熔点达 3 000℃的石英更适合做成温度计，但是实际上制造镓温度计更现实一点，而且它在技术上已经实现了。这种温度计的测量范围可以达到 1 500℃。

29　熔点最高的金属

【题】你知道有哪几种金属的熔点很高？

【解】原先位居难熔金属第一宝座的是熔点在 1 800℃的金属铂。相比铂金的熔点来说，有很多后来发现的有名的难熔的金属的熔点还要高上 500℃到 1 000℃以至更多，如下列：

$$铱 \cdots\cdots\cdots 2\,350℃$$

$$锝 \cdots\cdots\cdots 2\,700℃$$

$$钽 \cdots\cdots\cdots 2\,890℃$$

$$钨 \cdots\cdots\cdots 3\,400℃$$

目前所知道的金属中钨的熔点是最高的，因此它也被用来制作灯丝。

30 受热的钢材

【题】为什么钢结构在火灾中会毁坏，但是钢本身却不会熔化¹呢？

【解】这是因为高温下钢条的刚性会大幅度下降。相比 0℃ 环境下，钢在 500℃ 时，其刚性降到原本的 $\frac{1}{2}$，在 600℃ 时则下降到原本的 $\frac{1}{3}$，在 700℃ 时只是原来强度的 $\frac{1}{7}$。换句话说，假如 0℃ 状态下，钢材的刚性是 1 的话，那么它在 500℃ 状态下的钢性就是 0.45，在 600℃ 时就是 0.3，在 700℃ 时就是 0.15。所以火灾中的钢结构建筑会因为承受不住自身的重力而倒塌。

注　释

①钢是含少量碳的铁合金的通称，合金的熔点一般比组成它的金属的熔点略低，铁的熔点是 1 535℃，普通钢材的熔点一般在 1 500℃ 左右。

31 冰里的水瓶子

【题】（1）有什么方法能在冰里放入一个装满水的瓶子，而不用担心瓶子会破裂?

（2）在 0℃ 的冰里或者在 0℃ 的水里放入一个装满水的瓶子，你知道结冰更快的是哪一个瓶子里的水吗？

【解】（1）瓶壁的玻璃会在里面的水结冰后因为冰的膨胀而崩裂。但是瓶子里的水在特定的条件下是不会结冰的。并不是说瓶子里的水只要温度降到 0℃ 以下就会结冰，同时还有每克被凝固的水融化所吸收的大约 320 焦耳的潜在热量需要额外去克服。由于与此同时，热量是不会从水传向冰的，因为瓶子周围的冰的温度是 0℃，温度相同下的热传递是不可能的。一旦水在 0℃ 时的热量没有被吸收，水的液体状态就会仍旧保持。所以说这种时候不是总有必要太担心瓶子的完好的。

（2）处于冰中的瓶子里的水是不会结冰的，同时放在水中的瓶子里的水也不会结冰。一旦瓶子里外的温度都达到 0℃，瓶子里的水也不会结冰，而只会保持 0℃。因为在温度相同的情况下是不会发生热传递的，即它是不能提供给周围环境潜在热量的。

32 冰能够沉到水底吗

【题】在纯水中冰会不会出现下沉的现象？

【解】我们知道冰在通常情况下会漂浮在水上，因为在 0℃ 时冰的密度是 0.917 克 / 立方厘米。它的密度会在给水加热的过程中减小，在 100℃ 时为 0.96 克 / 立方厘米；渐渐融化的小冰块在这样的水中仍然会漂浮。继续在高压下给水加热，在 150℃ 时我们可以得到密度为 0.917 克 / 立方厘米的水。冰在这种水中既不沉底也不漂浮，就可以悬浮在水平面以下了。我们在 200℃ 时可以得到密度为 0.86 克 / 立方厘米的水。相比冰来说，这种水要轻一些，也就是说在这种"热水"中冰会下沉。

需要注意的是，通常状态下我们所看到的冰只是水的一种固态形式，而在其他条件下（比如说在其他的大气压强下）形成的其他形式的冰就与通常的冰有所不同了。英国物理学家布列日曼进行了一个实验，在 3 000 个工程大气压的高压下将同样的一种物体形成六种不同的冰，将它们分别标注为"冰 1""冰 2"……他发现：

冰 1，比水要轻 10% ~ 14%

冰 2，比水要重 22%

冰 3，比水要重 3%

冰 4，比水要重 12%

冰 5，比水要重 8%

冰 6，比水要重 12%

也就是说，由水变来的这六种冰除了有一种比水要轻以外，其余全比水的密度大。冰 2、冰 4、冰 6 甚至会沉到密度为 1.11 克 / 立方厘米的所谓"重水"下面。

33 管道水的结冰现象

【题】为什么地下管道里的水会在解冻时结冰，而不会在严寒时结冰呢？

【解】通常地下管道里的水结冰会发生在解冻时期，而不是最寒冷的天气里——这是一种很难圆满解释的现象。土壤的热传导率很低——这是对此很自然的一种解释。无论怎样，热量穿过土地会比在地表传递要缓慢得多，会随着深度越大而穿得越慢。所以下面这种情况会经常出现：埋于深层土壤里的水管包括地下室的温度在严寒天气里还没有来得及降到 0℃以下，水在这些地方并不会结冰，寒冷的余波只有在解冻时期到来的时候才能慢慢地渗入地下。管道被冻住了，地上的解冻却来临了——地下的最低温度的到来和地表空气温度的升高几乎是同时的。

34 冰到底有多滑

【题】我们可以将"人可以在冰上滑行"这个现象解释为，在压力很高时冰的熔点会降低。我们已知，大约需要 130 牛的压力可以使冰的熔点降低 1℃。所以比如说在 –5℃时，滑冰者需要给冰施加 5 × 130=650 牛的压力才能在冰上滑行。但是，滑冰者给予冰的压力是绝对无法满足使冰的熔点降低 5℃的，因为冰刀与冰面接触的面积不过几平方厘米，落在每平方厘米上滑冰者的体重不过 10 ~ 20 千克。

那么人能够滑冰，甚至能在 –5℃以下的低温中滑冰这种现象又怎么解释呢？

【解】冰鞋的刀刃与冰面的接触面积被夸大了——这就是理论计算和实际现象之间出现矛盾的原因所在。冰刀与冰的接触只是几个突出的点，而不是冰刀的支撑地面的全部面积，总面积看起来绝不会超过 0.1 平方厘米，也就是 10 平方毫米。在这种情形下假设滑冰的是一个 60 千克的人，他带给冰面的压力不会低于 $\frac{60}{0.1}$ =600（千克 / 平方厘米），也就是说理论上实现融化冰面的要求被远远地满足了。

同理，雪面上载着半吨行李的雪橇正在滑行时，雪橇和雪的真实接触面积是不会比 5 平方厘米大的，产生的压强比 1 000 个工程大气压还要大。

假如天气足够寒冷的话，对于降低冰的熔点，冰鞋的压力可能是不够的，这时由于缺乏水的润滑，滑冰或者坐雪橇都会变得很困难。

35 高压下降低的冰的熔点

【题】你知道冰的熔点会被高压降低到什么程度吗？

【解】冰的熔点在每升高 1 个大气压时就会降低 $\frac{1}{130}$ ℃。但是不要觉得只要有足够的压力就会使冰在很低的温度下融化。冰的熔点最低也只能达到 –22℃，而达到这个最低点还需依靠 2 200 个工程大气压的帮助。所以随着压力增高，冰的熔点的降低是有限度的。

由此可见，在 –22℃以下的严寒中滑冰是件很困难的事情。也就是说，即使在高于 2 200 个工程大气压的情况下，冰只是较平常的冰更紧实而已，但却不会再变形。所以，冰刃在液态润滑的冰面上滑行已经不会受到锋利的刀刃所带来的较大压强的帮助了。

36 干冰

【题】你知道什么是"干冰"吗？它为什么要这样叫？

【解】冷凝的二氧化碳即"干冰"。如果在一个有着70个工程大气压高压的瓶子中封闭着液态的二氧化碳，把强烈蒸发的一部分气体放走之后，剩下的就是由于蒸发吸热而冷凝下的疏松的雪状物。

如图100所示，A：装在密闭的厚壁罐中的液态的二氧化碳，液体下方是气体状态的二氧化碳；B：打开密闭罐的阀门后，液体随着压力的降低而沸腾；C：将罐子放倒，把液态的二氧化碳倒在地上；D：气化状态的二氧

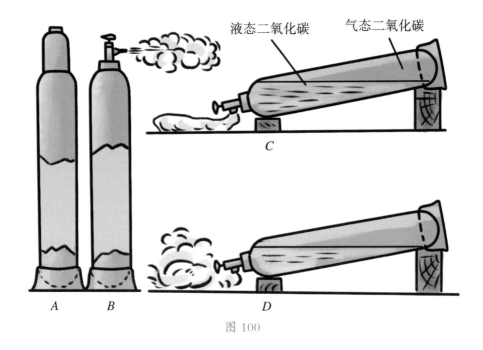

液态二氧化碳 气态二氧化碳

C

A B D

图 100

化碳很快消失不见，地面只剩下冷凝的疏松状固体。

这部分物质被压缩后就会变为一种很紧实的像冰块的固体，而这一部分就是"干冰"。干冰一经加热不会变为液体，而是直接升华为气态——这就是干冰的一个出色的特性。所以它根本不会使产品受潮，这就为制造冷凝剂，对产品进行冷冻提供了极大的便利。"干冰"的名字也正是由此而来（图 101 即剩下的疏松的雪状物，被压缩后就成为"干冰"）。

干冰的制冷效力是普通的冰的15倍之多——这是它的另一个优点。

图 101

一个存放水果的车厢中如果带有干冰，那么水果在路上可以保存 10 天而不用换冰。由此可以证明干冰的蒸发是十分缓慢的。

189

小贴士

　　利用干冰球，可以用简单的纸包装运送冰淇淋。冰淇淋可以在路上保存40小时。这种干冰球的制冷功效不仅在于它本身的低温，还在于它在升华过程中形成的碳酸气体本身也是很冷的，这层气体覆盖物可以明显地减缓融化。对于储藏物来说，碳酸气体是完全无害的；此外，它还可以减少火灾出现的危险。

37 水蒸气的颜色

【题】你知道我们平时最熟悉的水蒸气是什么颜色吗？

【解】水蒸气是白色的——很多人都会这样认为。他们不相信别人所说的其他颜色。但事实上，水蒸气却是完全无色透明的。在日常生活中，人们看到的白雾只是雾状的小水滴，而不是物理意义上的水蒸气。同理，云也只是由一些更小的水滴构成的，而不是由水蒸气组成的。

38 空气与水的沸腾

【题】在相同的条件下，生水和凉白开哪一个沸腾得更快？

【解】这个问题在研究者中引起了广泛而激烈的讨论。有很多人认为：肯定是凉白开会更快地沸腾。因为这些水已经沸腾过了——他们给出的是这样的理由。但是这个理由不但幼稚，而且还没有任何意义。从某种程度上来说，世界上没有一滴水从来没有沸腾过——它们都曾经是气态。

　　事实上，因为生水里溶入的空气更多，所以生水会沸腾得更快一些。下面我们就为什么空气的存在会加快沸腾的现象详细地解释一下。

在对液体加热的过程中，沸腾与蒸发作用的不同就在于沸腾是要产生气泡的。这只是在当蒸汽压达到不小于表面大气压的大小时（这部分大气压将根据帕斯卡定律[1]内向传播）才成为可能。在100℃的时候我们知道水蒸气是饱和的，这时水蒸气压就与大气压相等。但是这也只是针对水平面空间上的饱和蒸汽的情况来说的。相比水平面附近相同温度下的大气压来说，水内部形成的气泡里的饱和蒸汽压应当是比它小的。此外跑出的蒸汽分子很容易就被液体凹表面所产生的附加压"压回"到水里。也就是说，相比较来说，什么时候气泡内部所获得的"自由"的蒸汽分子数量会很小呢？就是在每秒钟内获得的"自由"分子等于被"压回"的分子数的情况下。一定温度下，一定空间里蒸汽分子的最大数量——此时气体的压强最大，这就是饱和的含义。现在我们已知相比水表面上的气压（这个气压等于大气压）来说，内部气泡的最大压强是小于它的。蒸汽的最大压强会随着水面的凹度越大，气泡的半径越小而越小。举例来说，半径0.01微米的气泡里，在100℃时候饱和蒸汽的压强是705毫米汞柱，而不是760毫米汞柱。

通过上面可知，一般来说，水的沸腾温度相比理论上的100℃，会在更高一点的温度上。换言之，沸腾的产生就是在水蒸气产生了更高的压强，并使其与大气压相等的时候。水在开过以后，会将内部的蒸汽全部赶走。因此，它的沸腾就会开始得很晚；但是它一旦开始了就会很快很猛烈地进行着；析出大量蒸汽并且由于汽化中热量消耗的增强而快速地将水引至沸腾的标准温度，即100℃。

然而，生水[2]——溶有大量的空气就不是这样。由于温度的升高和饱和度的降低，溶解在水中的各种气体就会减小。随着水的加热，过剩的空气会以气泡的方式分离出来。在加热的过程中，生水中首先出现的气泡是空气而不是水蒸气。随之，水蒸气分子开始从内部涌出获得"自由"。要知道，饱和蒸汽压在最为细小的气泡里会特别低，这使得最小的蒸汽气泡首先在水中出现变得很难。然而当产生这段气泡的困难度过后——即无论如何当气泡还是出现以后，随之在气泡里面形成蒸汽的过程就会容易得多了。进而气泡会快速地冒出来。这就对为什么含有很多空气的生水不会像开过的水那样沸腾得很慢进行了解释。

由于空气可以从水里分离出来，在标准大气压下麦克斯韦曾成功地将水加热到180℃。还可以采用更为精确的分离空气的方法将水加热到更高的温度，从而使它继续保持液体状态。"还没有人看到过不包含任何空气的水进行过'纯净的沸腾'。"——物理学家格劳夫曾这样说过。

①帕斯卡定律指出，在流体（气体或液体）力学中，由于液体的流动性，封闭容器中的静止流体的某一部分发生的压强变化，将毫无损失地传递至流体的各个部分和容器壁。

②地球上的水，97% 是海洋水，而人类所需要的淡水资源仅占全球水量的 2.5%。地球上的淡水资源，绝大部分为两极和高山的冰川，其余大部分为深层地下水；目前人类利用的淡水资源，主要是江河湖泊水和浅层地下水，仅占全球淡水总量的 0.3%。

39 蒸汽加热法

【题】想要把水加热到沸腾，用100℃的水蒸气可以办到吗？

【解】只有在水温小于100℃时，被加热到100℃的水蒸气才会和水发生热传递，且在水温和气温相等的那一刻，水蒸气对水的热传递就会结束。由此可得知100℃的水蒸气可以将水加热到100℃，但这些热量相对于水的汽化所需的必要热量来说，却是不够的。

总而言之，水虽然可以被100℃的水蒸气加热到沸腾的温度，但是却不能由此而汽化——水将依然会保持液态。

40 手上沸腾的茶壶

【题】如图 102 所示，将刚刚沸腾的茶壶从火上拿下来时，据说是可以直接放在手掌上面的。虽然水已经沸腾，但是却不会烫伤手掌，手在几秒钟过后才会有灼热的感觉（本人并没有做过这种实验，但是有胆大的学生曾经做过，并证实了这一点）。你知道这种现象是怎么回事吗？

图 102

【解】首先可以肯定一点，上面所述内容是真实的。但是，对上述现象的解释并不完全正确。很多人认为，手之所以感觉不到沸腾的茶壶的热量，是因为在包括壶底在内的茶壶壁上热量传导交换互相影响，从而有所消耗，进而使壶底的温度有所降低，这样就保证了沸腾现象的进行。这种壶内的热传递会随着沸腾停止的时候而停止，于是手会感觉到热。

这种解释是不正确的。因为它说明不了手为什么碰触到壶底却安然无恙，而触到壶的侧壁就会烧伤。另外，刚才解释的荒谬性还可以用事实来证明：因为汽化作用，与壶内的水的温度相比，壶底的温度是不可能比它还低的。此时要知道壶里的水的温度在 100℃左右，已经足以把手烧伤了。

真正的原因在于有一层细微的气泡布满在刚烧开的壶底壁上面。它的隔热性能是很好的，因为壶底铝的热容量较小，当用手托壶底时，壶底与手温很快就平衡了；而由于一层气泡会将壶中水的热量隔离，使手感觉不到发烫。气泡在壶底温度降到150℃以下的时候，就不会产生了，手便一下就会感觉到热量。

只有在壶底光滑的情况下实验才能成功。过于肮脏或者是粗糙的金属壁对这种现象的发生都会产生影响。

41 油炸食物为什么比水煮食物好吃

【题】为什么相比煮的东西，我们会觉得油炸的食物更好吃一点呢？

【解】油炸食物比水煮食物更好吃的原因，并不仅仅在于油炸食物中含有更多的油，还在于烹饪的物理过程上的区别。

在超过各自的沸点时，无论是水还是油都会沸腾，但是与水的沸点是100℃相比，油的沸点需要200℃（主妇们应该都很清楚被热油烫伤是什么感觉）。

比起水煮来说，油炸可以达到更高的温度，而食物中的有机物在高温的作用下会变得更加可口，因此相比水煮的肉、蛋之类的食品来说，比如炸肉、煎蛋这些油炸食品都会更加好吃一点。

42 刚煮熟的鸡蛋为什么不烫手

【题】你知道，刚从沸水里拿出来的煮鸡蛋为什么不是很烫手（见图103）吗？

【解】鸡蛋刚从开水里拿出来时，又湿又热。滚烫的鸡蛋表面会蒸发水分，从而将大量的热量吸走，这样鸡蛋表皮就会冷却，于是手不会感到过热。但是这种情形只存在于鸡蛋从沸水里拿出水还没有变干时，过一会儿之后，鸡蛋就会立刻变得灼热无比了。

图 103

43 风与温度计

【题】在寒冷的天气里，风会对温度计产生怎样的影响？

【解】其实风对温度计是没有任何影响的（在温度计干燥的情况下），虽然看起来温度计会被风吹得冷却。这实际上是将风对动物有机体的影响和对自然仪器的影响混淆了。与在无风的天气下相比，我们的机体会在大风的天气下更快地感受到严寒。这可以被解释为，围绕在我们身体表层的温暖气体被风加快了扩散，身体周围的湿气被吹走了，寒冷的空气取而代之。总而言之，我们身体的热消耗会被风加快消耗，进而我们感觉到了寒冷。

在寒冷的天气里，温度计与人体是不同的，它的显示不会受到风力的任何影响。

44 "冷墙定律"

【题】你们是否知道"冷墙定律"指的是什么呢？

【解】现在几乎已经没有人知道冷墙定律了，这是一种非常古老的说法。

如图104所示，假设我们有两个容器：将100℃的水注入烧瓶A内，将0℃的水注入烧瓶B内，暂时不将它们连在一起，内部的气压是不一样的：烧瓶A内是760毫米汞柱，烧瓶B内是4.6毫米汞柱。当我们打开开关C时，烧瓶A内的蒸汽就会进入烧瓶B内，并且会立刻变为水；所以与烧瓶B内的气压相比，烧瓶A内的气压不会比它更大。在蒸汽由烧瓶A到烧瓶B的过程中，不会伴随

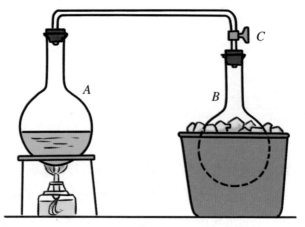

图104

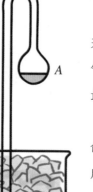

图 105

着烧瓶B里的气体压力的增大。

"两个盛有不同温度液体的容器彼此连接起来，其内部气压将会趋向相同，并等于温度更低的气体的最大压力。"——这句话就是对这个现象的最好表述。

在读者中，这条物理规则很快地流传开来，并被命名为"冷墙定律"或是"冷墙规则"。这种仪器也成为冷凝器的雏形。如图105所示，冷凝器两个空心的玻璃球管将下面的仪器连接了起来，冷却下方容器时，上方玻璃球中的水蒸气也会冷却变成水。仪器的内部的空气已经被抽净，现在充满水与水蒸气的混合物。水从水汽混合物中溢出来后进入上方的球形管，下方的球形管浸入了充满冷凝物的烧杯中。根据"冷墙定律"，上方球形管里会对下方球形管形成压力。

上方球形管里的水会随着压力的减少而沸腾起来，但是沸腾形成的蒸汽会很快进入下方球形管；尽管上方球形管里的水并没有接触到下方的冰。但是由于沸腾的能量很大，所以由于上方球形管里的水的汽化而迅速产生的热消耗又会使沸腾冷却下来。

45 不同木柴燃烧时产生的热量

【题】你认为1千克的白桦树皮燃烧时所产生的热量多，还是1千克的干燥山杨树皮燃烧时产生的热量多呢？

【解】相比一些针叶林木柴特别是山杨木来说，白桦树木柴的燃烧值要大得多。——人们一般会这么认为。如果这两种木柴是在体积相等的前提下进行比较，那么这种说法就是正确的。白桦树燃烧释放的能量会更多。但是，物理学家和技术工人计算燃烧值的时候比较的是重量，而不是体积。与山杨木的密度相比，白桦树木柴的密度是它的1.5倍。由于无论哪一种木材，每千克原木燃烧所产生的能量都是一样的（假设木材中的水分比都是一样的），所以读者们对"白桦木和山杨木的燃烧值其实是一样的"这个结论并不必太惊奇。

所以，我们在日常生活中比较不同质量的燃烧物时得出这样的结论：相比山杨木来说，白桦木要容易烧一些。

值得一提的是，不同种类的木柴之间的价格关系是和这些木柴的密度关系相符合的。也就是说，我们在买木柴的时候，每卢布所买到的热量是一样的。

但是假如说同样质量的不同种类的木柴在燃烧释放热量的量这个意义上是等价的，在实际生活中它们仍不是完全等价的。比如对于蒸汽锅炉来说，一方面是燃烧放热的量，另一个方面燃烧的速度也很重要。对于一些工厂（比如玻璃加工厂）来说，使用山杨木和松木燃烧的速度会更快一些，而相比其他种类的木柴来说，这些木柴更加实惠。反之，对于室内取暖来说，相比那些极易燃的木柴来说，密度更大、燃烧更缓慢的木柴要更实用些。

46 火药和煤油燃烧时产生的热量

【题】点燃火药所产生的热量和点燃煤油所产生的热量，哪一个会更多？

【解】物质爆炸的强烈作用是由于其内部的巨大能量释放造成的——这种观点其实是不正确的。相比一些普通生活燃料燃烧时所释放的能量来说，很多物体爆炸时看似能量很高的热释放其实是很低的。比如说下列这些种类的火药（1 千克）燃烧时所获得的热量是：

黑烟火药 ·················· 3 000 千焦

无烟火药 ·················· 4 000 千焦

无烟硝化甘油 ········· 5 000 ~ 6 000 千焦

与之相比，我们再来看看这些普通燃料（1 千克）燃烧时散发的热量：

干柴 ·················· 13 000 千焦

煤 ·················· 30 000 千焦

石油 ·················· 44 000 千焦

煤油 ·················· 45 000 千焦

但是，这些数据和刚才的数据是不能直接比较的：我们不但应该把物体爆炸从空气中消耗的氧气计算在内，而且物体燃烧消耗的氧气也同样应被计入可燃物的总质量中。与物体本身的质量相比，这个附加的质量是它的 2 ~ 3 倍。比如说，1 千克煤燃烧消耗 2.2 千克氧气（这只是理论值，实际上可能是这个数字的两倍甚至还要多），1 千克石油需要 2.8 千克氧气……

相比物体爆炸所得的热量来说，按照这个修正过的燃料燃烧所得到的热量值要大得多。相比火药来说，煤块儿的燃烧值是它的 3 倍，所以生火取暖如果用火药的话是很不合算的。

这里还有一个问题就是：假如实际上物体爆炸所得的能量很有限的话，那么它的破坏力为什么会这么强呢？其实原因就在于它的燃烧速度。也就是说，爆炸是在极其微小的时间间隔中将较少的能量释放出来。在很小的空间里爆炸形成了很强的气流，能够在诸如炮膛里给炮弹一个 4 000 个大气压左右的推动力。假如火药燃烧得很慢的话，能量还不等炮弹滑出炮膛就已经消耗殆尽了；假如气流形成得不够迅猛，炮弹受到的压力就很小，速度也就不会很高。确实，火药的燃烧在不到百分之一秒的时间里，也就是说几乎是瞬间就完成了。形成的气流给了炮弹强大的冲击力。

47 火柴燃烧释放的热量

【题】你知道火柴燃烧的功率是多少吗？

【解】燃烧的火柴释放的热量会是多少呢？换言之，火柴的功率是多少瓦呢？这是一个物理学领域的现实问题。

火柴的能量是微弱的——人们很容易这样认为。那么我们就来计算一下。火柴的重量大约是 100 毫克，即 0.1 克（用灵敏度较高的秤可以测量出这个重量；假如没有，也可以通过测量它的体积，乘以火柴棍的密度 0.5 克 / 立方厘米来获得）。制作火柴棍的原木重量为 1 克，燃烧时释放的能量大约是 12 500 焦耳。一根火柴燃烧的时间大约是 20 秒。也就是说，在重量为 0.1 千克的火柴棍燃烧释放的 1 250 焦耳（12 500×0.1）能量中，每秒钟释放的能量是 63 焦耳（1 250 ：20）。即火柴燃烧的功率大约是 63 瓦特（63 ：1）。换言之，比起功率为 50 瓦的一般电灯泡来说，火柴的功率要超过它。

一支烟卷的功率也可以用同样的方法计算出来，大约就是 20 瓦[1]。

①这个数字是这样计算出来的：一支烟的重量大约是 0.6 克，它的燃烧值约为 12 500 焦耳 / 克，抽完一只烟所需的时间大约是 5 分钟。

48 用熨斗清除油斑

【题】你知道用熨斗可以清除布上的油斑吗？你知道其中的原理是什么吗？

【解】随着温度的升高，液体的表面张力会随着减小——这是通过加热清除连衣裙上的油脂斑点的理论依据。

麦克斯韦曾在《热学原理》一书中说道："如果油斑的不同部位温度不同，那么油脂就会从热的地方向冷的地方滑动。把布的一面贴在滚烫的熨斗上，另一面贴上一张白纸，油脂就会浸到白纸上。"

所以，用熨斗清除油斑时，须将吸收油脂的材料放在衣物的另一面。

49 食盐的溶解率

【题】食盐在 40℃的水里可溶性大，还是在 70℃的水里可溶性更大？

【解】随着温度的升高，有大量的固体在水中的可溶性会随之升高。比如说，糖在 0℃水温时其溶解率为 64%，在 100℃的水温中则达到 83%。

但是，食盐却不属于这样的物质，温度对它的溶解速度影响并不太大。0℃时，食盐的溶解率是 26%，100℃时是 28%，此时它的溶解有些微小的变化；但食盐在 40℃时，溶解率是 27%，在 70℃时，也同样是 27%，此时溶解率完全相同，没有一点变化。

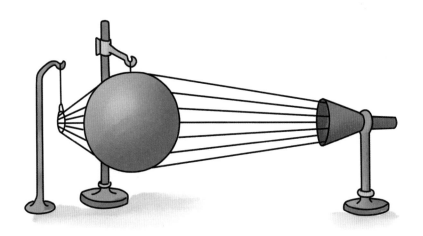

1 雷电的强弱与距离

【题】你能根据雷电的强弱来判断闪电和雷声的距离吗？

【解】雷声是一种振幅极大的叫作爆炸波的声波。爆炸波在自己短暂振动的末期迅速散为声波——这就是爆炸波与普通声波的一大区别。爆炸波的扩散速度在初始明显比声音要快，但是它的速度会随着爆炸波的结构的变化而迅速降低，因此其速度不会持久。在导管中进行的爆炸波扩散实验显示，爆炸波的初始速度是声速的 40 倍，即达到了 12 ～ 14 千米 / 秒。

在爆炸波初始以快于声音的速度穿越大气层时产生的就是闪电。在这一阶段，人们听到的是啪啪声。

由于爆炸波还来不及演变成普通声波，所以我们有时会在闪电过后（有时甚至和闪电同时）突然听到炸雷（一般的雷声都带有低沉的前奏）。而炸雷就预示着暴风雨的到来。

第二种雷是闷雷——它是伴有推滚声，声音时强时弱，在闪电后几秒钟才从远方传来。但是如果认为暴风雨的距离（比如用秒数乘以音速）可以根据闷雷和闪电之间相隔的秒数来计算的话，这种想法是不正确的。原因就在于，上面提到的雷声是在初始阶段比音速快，直到传播末期才成为声波，而不是一直按照音速来传播的。

关于雷声的这种解释对炮弹发射时的声音却并不适用。在离开炮膛 2 米后，炮弹发射时的爆炸波就已经变为声波，因此测量炮弹的发射完全可以根据音速。

2 声音与风

【题】你知道为什么风可以让声音更加响亮吗？

【解】"我们知道，风在向哪一个方向吹，声音向哪一个方向传播就会更顺利。"——这是拉库尔和阿佩里在《物理学起源》中的相关见解。

风速加快了声音传播的速度——而这就是我们通常的解释。然而单单这样的解释是不全面的。我们很明显会注意到，达到10米/秒的气团运动就已经被认为是很大的风了，但是无论声音传播的速度（340米/秒）与声音的传播方向相符还是相悖，它也不过是变为350米/秒或者330米/秒。因此很明显，这个影响是极少的。

英国物理学家约翰·金塔尔通过下面的方式来解释这种现象：如图106所示，一般来说高空中的风速总是大于近地面的风速。据我们所知，在静止的气团中声波应该是向四面传播的。相比风向垂直地表方向的变化来说，它的声场在风向水平线上的变化要快得多。所以，声场的变化就出现了如图

图 106

107中实线圈所表示的样子。比如，从A点传出的声波都发生垂直于声波曲线面的偏转。那么，AC方向的声波，会朝着Aa方向绕开，不会达到站在D点的观察者的耳中，所以D点的观察者并没有听到声音。与此相反，在每一个声波曲线的垂直面沿AB方向传播的声音会发生沿Ab方向的偏转。于是声音到达了位于b点的观察者耳中。所有比AB一线低的声波都会发生形似的偏转而达到Ab之间近地面的不同点。相比无风天气声波自然传播时来说，这一部分的地表接收到的声音比它得到的要多……

所以说，声音随着风变化是因为声场的结构发生了改变，而不是由于声波速度的变化（当然最终的原因还是速度的变化，图107展现了逆风情况下声波的变化）。

图 107

3 声波的压力

【题】你知道鼓膜被声浪压迫的力量是多少吗？

【解】能够被我们所感知的声音，它的压强所能带来的气压大约为0.05帕斯卡。压强随着声音的增大会成百倍千倍的增长，但是总而言之，声波的压强还是非常小的。比方说，在城市中喧闹的大街上，经过计算的声波给鼓膜所带来的压强相当于$\frac{1}{100\ 000}$~$\frac{1}{50\ 000}$个大气压，也就是1~2帕斯卡。

一些工业生产车间里的噪声产生的压强（单位：帕斯卡）如下：

抛光车间·················0.7

斩截车间·················0.75

白铁车间·················0.8

自动六角车床车间·········1.35

铁丝螺钉车间·············1.5

锅炉车间·················1.7

轧钢车间·················1.85

锻造车间·················1.9

冷凝车间·················2.6

当声波压强与大气压的四分之一相等的时候，鼓膜就会有破裂的危险。

工业生产过程中会产生对人耳有害的声音，它的限度约为0.3帕斯卡的压强。

4 为什么木门挡住了声音

【题】众所周知，相比通过空气传播来说，声音通过木头的传播要快得多。要是不信，可以通过下面的实验来证明一下：对着圆木的一端轻轻地敲击，在圆木的另一端通过贴在其上的耳朵可以清晰地听到声音。但是为什么在木门关闭的一刻，隔壁房间的谈话会听不见了呢？

【解】既然"声音通过木头传播的速度要比通过空气的快"这个结论是正确的，那么为什么木头门会将声音关闭了呢？从空气进入传播速度更快的木头时，声波会向远离法线的一侧发生折射。由此可见，从空气进入木头的声音存在"临界角"。而这个临界角根据最大折射率定律将会非常小。换句话说，落到木头表面的声波中能够穿过木头的只是它很小的一部分，而其中更多的会反射回空气中。于是便解释了木头门会阻碍声音的原因。

5 声音的折射镜

【题】你知道有声音的折射镜的存在吗？

【解】我们自己完全可以制作一个声音的折射镜。这样的折射镜是由许多导线组成进而变成网格状，形成一个半球体，里面装满用来延迟声波运动的细毛。在对声音的作用上这个半球体就像一个聚光的凹透镜一样。如图108所示，我们可以看到一个折厚板放在透镜前面，这个折厚板是用来促进声音折射的；声音穿过纸板，经过透镜聚焦后集中到点F上；F点放着声敏装置，而S点放着声源（一支哨子）。

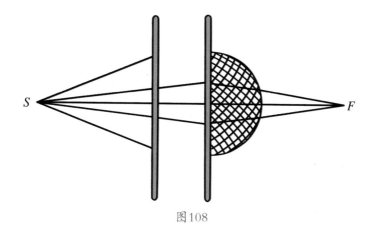

图108

曾用另一种方式，也有其他人做过一种声音透镜。他在文中这样写道：

我们用充足了气的气球做了一个透镜。气球壁是用某种胶状体制成的，里面充满的是二氧化碳。气球壁非常薄，以至于任何轻微的碰撞都会被感知，然后导致内部气体分子的互相碰撞。然后我在离气球不远的地方挂了一台小钟。再用一个玻璃罩的喇叭口罩在耳朵上，把耳朵置于另一侧距离它大约1.5米的距离处（图109是用二氧化碳气球制作的声音透镜）。

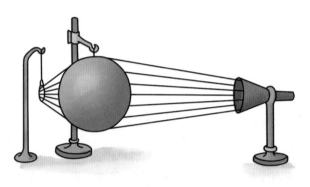

图109

把我的头移向各个不同的方向，我很快找到了时钟的嘀嗒声突然变大的地方。这里就是声音的"焦点"。如果我的耳朵离开这个焦点，声音立刻就变弱。如果耳朵停留在焦点处，而气球的位置有所移动，嘀嗒声同样变弱。当气球回到原位时，声音又恢复了刚才的强度。这就表明，是"透镜"给了我如此清晰地听到嘀嗒声的可能；同时，如果没有玻璃罩罩住我的耳朵，嘀嗒声也是听不到的。

6 声音的折射

【题】声音的折射在声音从空气传到水面时，是会靠近法线还是会远离法线？是会折射还是会反射？你知道吗？

【解】声音的折射如果按照光线折射定律来推测，得到的答案是完全不正确的。相比在空气中传播的速度来说，光在水中传播的速度会慢一些。然而声音却正好与之相反，因为它在水中的传播速度要比在空气中快，大约是在空气中的4倍。因此声音由空气进入水中会向远离法线的一侧发生折射。所以从空气进入水中的声音存在着"临界角"。根据折射率的最大值等于声音在两种介质中传播的速度比，在这种情况下临界角为13°。如图110所示，我们看到声音可以进入水中的区域就是锥体AOB内的区域。从水面被反射回去（声音的全反射）的就是在锥体AOB外的声音。

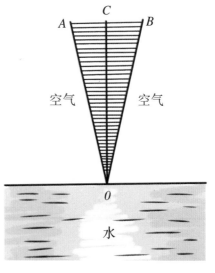

图110

7 壳状物里巨大的声音

【题】你知道，为什么把碗或大贝壳放在耳边，我们会听到它们发出巨大的声响吗？

【解】因为壳状物是一个可以将周围的各种我们平时听不到的声音聚合的共鸣腔，所以我们在耳朵被碗或者大贝壳罩住的时候会听到声响。这种混合在一起的声音就像海浪一样涌来，所以在人类生活中围绕壳状物产生了各种各样的传说。

8 音叉和共振器

【题】假如在共振器里面放入一个音叉，会发现声音明显地增强，那你知道这多余的声音是从哪里来的吗？

【解】声波由振动的音叉传到共振器时，虽然声音变响了，但是随之持续的时间会变短。音叉和共振器发声的能量根据能量守恒定律应该是一样的，并没有多余的能量可由共振器获得。

9 消失的声音到哪儿去了

【题】当声音越来越小时，你知道这些声音到哪儿去了吗？

【解】声波的能量在声音减小的时候转化为空气分子的热运动以及墙壁的振动。假如房间里的墙壁拥有绝对的弹性，并且空气分子没有内部摩擦，那么房间里的声音就会永不停止，任何一个音符都是永恒的。声波会在普通的房间里的墙壁间反射200～300次，而能量随着每次反射都会损失一部分，最终会被墙壁吸收，进而会使墙壁的温度增加。当然，这种加热是十分微弱的。假如传递热量想用这种方法，那么歌唱家要不间断地歌唱一昼夜左右的时间才能传递1焦耳。诺尔顿教授在《物理学》一书中是这样解释的：

"一万个人用全力叫喊，得到的能量才能够稍微点亮一盏电灯。这些人的热情能够持续多长时间，这盏灯大约也就能维持那么长的一段时间。"

"光波跑到哪儿去了呢？"——这个问题我们同样很难回答，特别是看到天上闪闪发亮的星光时，这个问题就更难解释了。

10 光是可见的吗

【题】有人看得见光线吗？

【解】很多人都十分确信他们经常可以看见光线，而这些人中不乏一些受过良好教育的人。估计这些人肯定会十分惊讶甚至会不相信：事实上，他们从来没有看见过光线，而且也不可能看见。光，使得其他物体可视，然而自身却并不会被看到。所以说每当我们觉得自己看到了光线的时候，其实只是某种被光线照亮的物体被我们看到了而已。对于这一点，约翰·赫歇尔[1]曾经明确地提出过：

光，是视觉形成的原因，但是本身并不可见。人们常说看见的光，可能是透过墙上的小孔射进黑暗的房屋的光线，或者我们在火烧云边看到的一条光带，还有刺破乌云从云缝里穿出的太阳光芒。但是，我们在这些时候看到的都不是光本身，而是光打在无数尘埃和雾滴上反射的结果。与此相似的是，在浓雾中点亮一盏灯，玻璃灯罩放射出一道光锥，它在本质上也是雾滴放射的结果。

月亮是因为反射太阳光才被我们看到的。在没有月亮的地方，我们什么都没有看到。尽管我们确信当月亮按照自己的运行轨迹走到我们可以看见它的地方，我们就能看到它。而且如果我们的眼睛被放到月球那个地方（就是月球在天空中的那个位置，那个位置恰好没有被地球挡住太阳光），我们从那里就可以看见太阳。所以说在任何一个地方太阳光都总是存在的，但是作为客体它们是看不到的。它只是以过程的形式存在着。相对于太阳，相对于星辰，也是如此。所以当我们在黑暗的夜晚仰视天空，尽管我们知道全部空间都被在各个方向上不断交错的光线占据着，我们依然身处在一个完全黑暗的空间里，也就是说，尽管我们被太阳光笼罩着，可是除了我们沿着视线看到星星的那个方向之外，我们看到的不过是一片黑暗。

我们清晰地看到了星星放射出来的光线——这是一种反驳的观点。交汇到眼睛里的所有的光点，分成了一条条的光线，我们的视线被引领着望向遥远的发光体。但是，这都是一种假象。

正像达·芬奇所说，假如我们透过针尖一样大小的小孔去看星星的话，我们看不见任何的星光。它们就像一些明亮的灰尘。因此我们看到的星光，其实是眼睛的晶状体结构折射光线的结果。细微的光束和辐射结构在这种情况下是不能穿过晶状体的中心部分进入眼睛的。至于说在眼前的那些交错迷蒙的光线，就是光透过睫毛衍射的结果。

注 释

①约翰·弗里德里希·威廉·赫歇尔爵士（1792—1871），天文学家威廉·赫歇尔的儿子，他也是一位杰出的天文学家、物理学家和数学家。

11 日出

【题】（1）太阳光从太阳到达地球需要8分多钟的时间，而不是瞬间完成的，这反映在日出的那一刻会有什么样的表现呢？对下面的两种情况做一下分析：

a. 太阳不动，而地球在公转。

b. 在24小时的时间里太阳围绕着不动的地球转动。

（2）我们的眼睛和光学仪器在光传播的瞬间会有什么样的变化发生呢？

【解】考虑到光传播需要的时间，我们观察到确切的日出时间，实际上本应比现在早8分钟——这似乎是一种毫无争议的说法。而这种说法我们从很多人的口中听到过，其中甚至不乏一些著名的物理学家。由此类推，假如他们回答的是关于距离我们十光年的天狼星升起的问题，而不是关于日出的问题，他们的回答会是什么样的呢？按照刚才的说法，他们会说，每天天狼星的升起会比我们所看到的要早十年的时间……

天体在天空中出现的时刻实际上并不会被光的瞬间传播所改变。当我们看到日出的时候——即地球自转到了太阳光笼罩的区域，是在8分钟前光线离开了太阳，随后进入到了我们的眼睛。但是这并不等于说我们就需要静候光线跨过太阳到达地球之间的8分钟的距离。而应该说，太阳在光线传播的过程中就是在我们看到它的那一刻（而不是8分钟之前）在我们面前升起。

我们是基于"地球环绕相对静止的太阳在转动"这个条件来研究这个问题的。假如做出"太阳24小时围绕静止的地球转动"这种相反的假设，那么结论是否会有什么变化呢？

好像用地心说代替日心说可以得出关于这个问题的另外一种结论——回答这个问题很容易导致这样一个误区。我们应该完整明确地想象这一场景，才能不陷入这种歧途。光是顺次运动的，还是在瞬间完成传播的？被照亮的宇宙空间的场景是否是这样：在十亿年的时间过程里，除了地球阴影区域（以及行星阴影区域），宇宙被太阳光洒遍。对于地球表面的一点来说，太阳升起于太阳在地球阴影的边缘被看到的那一刻。在地球静止的情况下，是阴影在向这一点移动；在地球旋转的情况下，是这一点在向阴影移动。在这两种情况下，地球表面的观测点的速度就等于地球阴影彼此靠近的速度，也就是说无论怎样都会在同一时刻观察到日出的。

因此，关于地球静止的假设对这一问题的结论并不能改变。

虽然如此，还应该提出的是：它从地平线下升起，呈现的样子却年轻了8分钟。因此严格来说，在日出一瞬间放出光芒时我们看到的那个太阳和我们所谓现在观测的并不是同一个。

假如在空旷的空间中或者某种物质环境中光只是单纯瞬间传播，就不会有折射的产生。光从一种介质进入另一种介质时，传播速度发生了改变——这就是折射现象产生的原因；折射在速度没有改变的地方，根本就不会出现。如果在眼睛里（或者是玻璃光学仪器里）没有光线的折射，那么外界物体的清晰的影像是不会出现在视网膜上面的。

因为折射望远镜内部目镜被代之以一个微小的孔洞，所以这种光学仪器能够发挥作用；尽管这种仪器只是为肉眼分辨物体的轮廓提供了可能，而并不会将影像扩大多少，但是假如没有它的话，肉眼就只能分辨出光和阴影。

12 电线的影子

【题】为什么晴天里在马路上我们可以清楚地看见路灯的影子，但是却看不见或者看不清楚路灯上方悬挂的电线的影子呢？如图111所示。

图 111

【解】电线在太阳光照射下的影子长度，取决于太阳球体圆周到电线截面圆周的切线延长线的长度。图112为电线不能留下自己影子的原因图解，我们进行这样的实验：观察者在A点时，所看到的太阳直径与电线直径重合，切线相交所得的角A大约为0.5°。

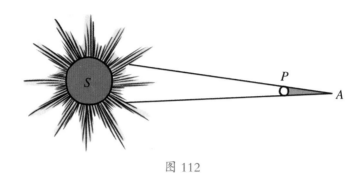

图 112

因此，我们可以很容易计算出来电线影子的长度：它与电线的直径乘以（2×57）是相等的（"2×57"的意思是，物体的影长等于其直径的57倍除以该物和太阳切线延长线相交所得的角度0.5）。假如电线的截面直径已知是0.5厘米，那么电线的影子长度就是0.5×114=57（厘米）。

相对于路灯距离马路的高度，这个长度还是相当小的。因此在马路上是不会看到电线的影子的。

按照路灯的截面直径来算它本身的影子会相当长的。假如路灯的直径已知是30厘米，那么它的影子长度就是：

$$0.3 \times 114 \approx 34（米）$$

由此，只要路灯的高度不超过10米，在马路上肯定会看到路灯的影子。

日晷，本义是指太阳的影子，又指古代人利用太阳的影子来测定时间的一种仪器，也称"日规"。我国古代的日晷，常用一个石制的圆盘做钟面，

钟面倾斜着安置在石座上，钟面上分成12个时辰，圆盘中心有一个铁针（相当于表针），人们看到指针在钟面上的投影，就知道是什么时间了。

13 云与云的影子

【题】你知道云和它的影子相比哪一个会更大吗（见图113）？

【解】参考上一个关于路灯的问题，云投射到地面的影子并不像想象的那样是扩大的，而是一个倒圆锥体。因为云的面积很大，所以这个圆锥也是相当大的。假如一块云的直径是100米，那么它的影子的长度是会超过11千米的。云朵在地上的影子的面积的增减是通过和投射它的云本身的大小进行比较来计算的。

图 113

下面列举这样一个例子：在1 000米的高空挂有云朵，云朵和地面之间的云影长度是1 000$\sqrt{2}$，约等于1 400米，太阳光和地面的夹角是45°。沿着0.5°角从影锥顶端扩展到这一距离，影锥顶端的云朵的直径大约是$\frac{1\,400}{115}$米，也就是大约12米。假如云朵本身长度小于12米的话，在地面上它是不会留下全影的。在特殊的条件下，那些大云朵会在地面上留下全影。比相应的云朵来说，全影的尺寸会短12米。

这个距离对于很大的云朵来说，是微不足道的。所以相比云朵实际的大小来说，这些云朵投射到地面的影子与它们相差不大。因此云朵的长宽尺寸的计算会十分简便。

14 在月光下读书能看得清吗

【题】月光的亮度足以让我们读书吗？

【解】月光已经足够明亮了——在回答这一问题时，很多人都会比较主观地这样认为。尽管很多小说里曾经描写过这样的阅读，但是如果试验一下阅读的时候仅靠月光照明的话，那么就会知道在这种光强下分辨字迹是很困难的。光照度不小于40勒克斯[①]才能应对我们平常书本字体的阅读；而光照强度在不小于80勒克斯的情况下，才能阅读更小的字体。但是，月光的光强在无云的满月时也只有0.1勒克斯，即相当于放在3米外的一根蜡烛。很明显，仅仅依靠月光是远远不够我们轻松地阅读书本的。

注　释

①勒克斯为光照度单位（Lux）。1流明（lumen）的光通量（Luminous flux）均匀地照射在1平方米的表面上所产生的照度为1勒克斯。

15 黑色的丝绒和白色的雪比亮度

【题】阳光下黑色的丝绒与月光下干净的雪相比，你知道更亮的是哪一个吗?

【解】有一句流传很久的关于黑色和白色、黑暗和光明的经典老话——"似乎没有什么东西能比黑丝绒更黑，也没有什么比白雪更白了。"但是在用更公正的物理仪器进行测量的时候，我们可以看到结果是这样的：相比月夜里最白的雪来说，在阳光下最黑的黑丝绒会更加光亮。

因为其实黑色的表面并没有完全吸收全部落在它表面的可见光，所以说它并不像它看起来那样黑。就连大家都知道的最黑的黑炭和乌金，还是反射了1%~2%的光。对比100%反光（虽然说有些夸大）的雪来说，这个数字确实无法单纯地与它相比。但是，据我们所知，与月光相比，太阳光的光强是它的400 000倍。所以相比把月光100%反射回来的雪的亮度来说，照在黑丝绒上的太阳光，哪怕有1%被反射回来都要强上几千倍。换言之，阳光下的黑丝绒比月光下的白雪要明亮好几千倍。

不只是雪，我们可以列举那些最好的白色颜料（比如最亮的钛白粉TiO_2和锌钡白$BaSO_4+ZnS$）：它们在本身没有被灼烧时，不会放射出比照射到它表面的光更强的光。而与日光相比，月光强度仅仅是它的$\frac{1}{400\,000}$。综合来看，尽管在日光下这些颜料客观上要比黑色颜料要亮，但是这些用来增亮的颜料在月光下是没有任何存在意义的。

趣味科学——趣味物理学问答

16 星星和烛火

【题】一等星发的光与500米外的烛火所发的光相比，你知道更亮的是哪一个吗？

【解】与星星相比，一只普通的蜡烛所发出的光要比它明亮十万倍。就像题目中给出的条件那样，只有把蜡烛放在大约500米外，一颗一等星的亮度才能够和它进行比较。这时，才能够将两个光源的光强持平（大约是0.000 004勒克斯）。

17 月亮的颜色

【题】我们肉眼看到的月亮是白色的，但通过天文望远镜观测到的月球表面则像一层石膏，而天文学家则认为月球的表面实际上应该是暗灰色的。为什么同一种事物会出现三种完全不同的说法呢？这种情况如何解释？

【解】我们的天文学家似乎完全有理由将这颗地球卫星的表面称为灰色的，因为月球只能反射14%的照射到它表面的光。但对于身处地球上的我们来说，月球却也清清楚楚地呈现出一片白色。对这种情况，金塔尔在他的光学讲义中进行了详尽清楚的解释：

落在物体上的光分成两部分。一部分要从物体表面反射回来。反射的光一定包含着射到它表面的所有颜色。如果入射光是白色的，那么从表面反射回来的光就一定是白色的。比如太阳光，即便它照到黑色的物体上，反射回来仍是白色的。烟囱里最黑的烟被太阳光照亮的时候，自己最微小的粒子反射回来的光通过烟囱板上的小孔射进黑暗的屋子里，仍然是白色的。月亮，就像诗人所写的那样：

"穿着天鹅绒衣裳，神秘而美丽……"

即便月亮真的裹上了一层黑色的天鹅绒，它在天空中仍会是一个银盘。

当然，在黑暗的天幕下，无论多么微弱的光源看起来都是明亮的——这个因素也起了很大作用。

18 雪为什么是白色的

【题】我们知道，雪花是由无数透明的冰晶组成的，为什么它看起来却是白色的呢？

【解】雪花是白色的，这和玻璃的碎屑，或者说所有透明物质的碎屑看起来都是白色的道理是一样的。

将冰研碎取末或用刀刮一些碎末，你会发现冰也是白颜色的。这其中的原因并不复杂，是由于光线进入透明的冰块内部后，并未穿过冰块，反而在冰块内部形成多个方向的连续反射（全反射）所致。这些光线交织在一起，映射到人眼中，呈现的就是一片白色。

雪花是由无数透明的冰晶组成的，其中充满了缝隙与空气。如果将水装满雪屑的缝隙，那么雪就会失去白色而变为透明的。这种现象是很容易见到的，你可以自己尝试一下：在沟槽里收集干净的雪，然后让水从雪下面流过，那么你眼前的白雪会立刻变为无色透明的。

19 擦亮的靴子为什么会闪光

【题】擦干净的靴子为什么会出现闪光的现象？

【解】对很多人来说，擦过的靴子为什么变得闪亮一直是一个谜，因为黑鞋油或者鞋刷本身并不会产生光泽。

在弄明白这个谜团之前，我们必须首先明白，被研磨过的闪光表面和所谓的磨砂毛面两者之间有什么区别。抛光的表面是"光滑"的，而磨砂的表面是"粗糙"的——这是一般人普通的认识。实际上这是错误的：因为绝对的光滑是不存在的，所有物体的表面都多多少少是"粗糙"的。如图114所示，就是我们在显微镜下观测到的被抛光的铁片表面。如果人被缩小到 $\dfrac{1}{10\,000\,000}$，人也不过灰尘大小，而看似光滑的抛过光铁片的表面就会成为丘陵地带。无论抛光的，还是磨砂的，所有的表面都在不同程度上是凹凸不平的，只不过是凹凸的大小有所不同而已。如果相比射到上面的光的波长来说，它们还要小，光波的微粒反射回来就会是有规律的，即反射光线彼此平行，这样就形成了反射。这样的表面会产生闪光的镜像，我们称之为"抛光"。如果相比射到上面的光波波长来说，凹凸要大于它的话，光线的反射则会是散乱不规则的。分散的反射光不会产生镜面反射，也就没有什么光泽，我们将其称之为"磨砂"。

由此对于某种光来说，我们可以判断得出，什么样的表面是抛光的，什么样的是磨砂。由此可见，表面凹凸小于波的平均波长0.000 5微米的这个长度的就可以称之为抛光的。对于具有更长波长的红外线来说，这样的表面当然也是抛光的；但是对于波长很小的紫外线来说，就未必是这样了。

灰尘

图 114

221

我们再来看一下刚才的问题：擦过的靴子为什么会闪光呢？靴子在未擦鞋油前，其表面更加凹凸不平；相比日光的波长来说，这些凹凸通常比它都要大，于是会显得灰暗。皮革表面在被鞋油涂上一层细细的油后，在皮革表面的毛刺之类的东西就会被覆盖住，进而表面看起来会更加平整。粘着在表面的多余的鞋油会被鞋刷的摩擦作用填充到表面凹凸的缝隙里，不但减少了凹凸的面积，更使得它的长度比可见光的波长要小，从而会使无光泽的靴子也变得闪亮起来。

还有一些物品的闪光情况会更加复杂一点，比如说像绸缎一类的一些纺织品的闪光。

20 彩虹里有几种颜色

【题】你知道阳光和彩虹中都包含有几种颜色吗？

【解】太阳光谱和彩虹中都有7种颜色——通常情况下我们都会这样认为。实际上，这种观点是不正确的。假如放下教科书的束缚，我们亲自去观察一下太阳光谱，那么就只能看到5种基本的颜色：红、黄、绿、蓝、紫。

这5种颜色之间是渐变的，没有严格的界限。换句话说，在这5种基本色中间还存在着一些渐变色，比如：红黄（橘黄色）、黄绿、绿蓝、蓝紫（深蓝色）。

如果这样算起来，太阳光在不包括中间色时，可以说有5种颜色；而包括中间色时，就可以说有9种颜色。

既然这样，为什么会出现人们认为太阳光有7种颜色这种想法呢？起初牛顿在自己的实验中只区分了5种颜色，他在《光学家》一书中曾这样描写道：

光谱中折射率最低的红色处在最上端，折射率最高的紫色位于最底端，在两种颜色之间的颜色有黄色、绿色和蓝色。

后来，为了使光谱颜色数量和基本音阶的数量相对应，牛顿又在5种基本色的基础上增加了两种颜色。我们都听说过古代流传的"球体缪斯"和"第七重天"这两种传说[1]。

再看一下我们平时看到的彩虹，不要说有7种颜色了，实际即使是5种颜色都很少能看得到。通常情况下，我们所能看到的彩虹颜色只有3种，即红色、绿色和紫色。有时候会若隐若现地出现一些黄色，有些时候或许会有一条很宽的白色光带出现在彩虹中。

但是在我们平时所学的物理课程实验教学中，光谱的7种颜色说已经成为不可动摇的理论；甚至在人们的脑海中会认为7种颜色说就应该是正确的。当然现在"七颜色说"也只是存在于中级的教材中，在大学的课程中已经不复存在这种误解了。

严格说来，要想明显地观察到我们的"五色说"也是需要一定条件的。在光谱带中，我们所能分辨出的也只有3种主要的颜色，即：红色、黄绿色、蓝紫色。

实验证明，假如想要对光谱中的每一种色彩都做一下鉴别的话，会分辨出150多种颜色[2]。

注　释

①英国的物理学家哈乌斯金曾经在他的《光与颜色》一书中这样写道：

"七大行星（古时将太阳和月球也算作行星）被认为是神的产物——这一观念贯穿于整个中古的占星术中。太阳掌管天气和收成的作用是十分明显的。其他行星对人类活动的影响虽不明显，却也十分重要……将月分为几个星期，就是以行星的名义完成的。正是由于七大行星的缘故，数字'七'在《圣经》中便具有了神性。于是炼金术中有七种基本金属，在音律中有七种基本音阶，而 在光谱中有七种基本颜色。"

在这本书中读者们还可以看到关于牛顿棱镜实验的详细描述，以及与此相关的很多逸闻趣事。

②人类的肉眼分辨颜色的能力是相当惊人的。有人相信，古罗马的绘画大师可以分辨超过10 000种颜色。

【题】你知道通过有色玻璃看花会呈现什么颜色吗？比如说透过绿玻璃看红花，又或者是透过绿玻璃看蓝花。

【解】当透过绿色的玻璃看红花时，我们什么颜色都看不到——这种花唯一拥有的颜色还被阻挡了。因为除了红光之外，红花差不多不含有其他任何一种光。而绿色的玻璃只能透过绿光而挡住其他颜色。所以透过绿色的玻璃看红花，看到的是一片黑色。

同理，我们也能够很容易就知道，透过绿玻璃去看蓝色的花，看到的也是一片黑色。

彼奥特洛夫斯基教授（既是一位物理学家，也是一位艺术家，同时还是一位细致的大自然观察者）在自己的《夏日旅行中的物理现象》一书中记录了一些有趣的现象：

用红色的玻璃看周围的事物，我们很容易发现，像天竺葵那样纯红色的花在我们面前呈现出了明亮的纯白色；而绿叶成了闪着金属色泽的纯黑色；而一些蓝色的花已经黑到了在黑色的背景上都很难分辨出它的叶子来了；黄花、粉红色的花、淡紫色的花（丁香花）都多多少少变得不透明起来。

拿起一片绿色的玻璃，我们可以清晰地看到绿叶明亮的绿色，叶子上开着几朵明亮的白花，黄色和天蓝色变得很暗，红色则呈现出一片稠密的黑色，淡紫色变成了夹着暗淡玫瑰红的浑浊的灰色，像野蔷薇花瓣那样鲜艳的紫红色也变得暗淡起来。

最后，我们再用蓝玻璃来看：红花又变成了黑色，白花变得很明亮，黄花也是一片漆黑，蓝色的花朵变得像白色一般。

由此我们不难明白，红花相比其他颜色的花给我们提供的红光要多得多；黄花中，红光和绿光的量是差不多对半，但是蓝光很少；紫红色花中，红光和蓝光很多，但是绿光很少……

平时我们还能看到很多类似的这种色调变化，也出现了很多出人意料的效果。

22 让金子变成银色

【题】金子在什么情况下能变成银色的呢？

【解】牛顿曾做过一个相关的实验。实验中，他把光谱中的黄光挡住，而将其他光放行，将通过的光再用一个透镜收集起来。对实验的结果，他这样写道："如果将缺少黄光的光线射入透镜，金子看起来是银子一般的银白色。"这也就是说，想要使金子失去其原有的金黄色，只要用可以过滤掉黄光的东西去观察它就可以了。

23 色彩在日光和灯光下为什么不同

【题】你知道为什么在日光下会显现为淡紫色的印花布，在晚上的灯光下看起来却是黑色的吗？

【解】相比日光而言，灯光①发射出的蓝光和绿光要少得多，因此在灯光下，淡紫色的印花布无法收到它能反射的唯一光线——紫色。人眼收不到任何光线的反射时，所看到的自然也就只是一片黑色了。

注　释

①这里的灯光指的是由爱迪生发明的白炽灯，并不是现代人常用的日光

灯。自 1974 年，荷兰飞利浦首先研制成功了能够发出人眼敏感的红、绿、蓝三色光的荧光粉后，荧光灯（也称为日光灯）应用越来越广泛，上文所讲的色差也越来越小。

24 天空的颜色

【题】你知道为什么正午的天空是蓝色的，而太阳落山时天空却是红色的吗？

【解】对这个问题，作家屠格涅夫是这样说的："天空是因为大地才如此蔚蓝。"

照在大气层上的太阳光原本是一片白光，但我们仰视天空时，眼睛所看到的光却是经过大气中的空气分子和尘埃散射后的光。波长较短的蓝光被空气分子和尘埃散射开来，而"绕过"了这些微粒直接射到地面上的是波长更大的光线。简单说来，最易被大气捕获的是蓝光，而穿透大气层能力最强的却是红光。

白天，蓝光被空气散射开来，所以我们抬头看到的天空自然变成了蓝色。早上日出时，或是傍晚日落时，阳光几乎是从与地平线平行的角度射入，这时光线要穿过的大气层比正午时的要厚得多，此时能够透过的只有红光，所以太阳呈现在我们眼前的就是红色。这个原因同样适用于月全食时的情景：红光穿过厚厚的大气层，将月亮的边缘照亮，所以月亮上也就出现了一道红边。

基恩斯在《宇宙的运动》中将这种现象解释得很清楚：

想象一下，我们站在码头上观察汹涌而来的海浪不停撞击码头的铁柱子的情景。那些相对于柱子来说很大的浪在瞬间就越过了柱子继续着自己的奔涌，好像那些柱子从来没有存在过一样。

但是对于那些细浪和涟漪来说，铁柱子就是一个不可避免的障碍了。当细浪撞上铁柱，很快就被打回来，分散成无数更细的波纹四散而去。按术语来说，也是一种"散射"。所谓障碍的那些铁柱对长波没有任何影响，却可以使细浪散射。

这个波浪的例子可以作为我们解释太阳光穿过大气层的模型。在星球和星际空间里存在着无数以气体分子、灰尘、水滴等形式存在的障碍物，形成大气层，就像码头上的铁柱子一样。太阳光的传播就像海浪一样。我们知道，太阳光是由七种光波组成的。每一种光波都有不同的波长：红光的波长最长，而蓝光的波长最短。聚合起来的各种光穿过大气层就像混合着波涛细流的海浪涌向码头铁柱一样。像巨浪一样的红光刚好可以跳过这些障碍物；而像蓝光这样的细浪就会被散射到各个方向。

这些蓝光被各种不同的灰尘反复散射。最终通过曲折的道路进入人眼。也可以说太阳的蓝光是从四面八方被我们看到的。这一切使得天空看起来是蓝色的。而跳过障碍物的红光直接就落到了我们眼中。

对天空不同色彩的原因，美国的气象工作者用下面的方式来进行解释：

天空的颜色取决于不同的光波到达观测者的相对亮度。这个亮度又依次取决于单位大小和数量的灰尘粒子对其的散射能力。如果大气中的粒子数量很少、体积很小，那么天空就会出现天蓝色。

相反，如果粒子的数量和体积增加了（比如在干燥多风的天气）或者只是体积有所增加（由于湿度的增加），那么相对波长较短的光波衰弱得就会更加明显，天空就会按照波长依次出现绿色、黄色，甚至红色的情况。最终，如果粒子十分巨大，将所有光波散射开来，天空将呈现出白色。

综上，我们已经可以理解为什么早晨和傍晚时天空会出现不同的颜色：在离地平线较近的地方是红色，稍高一点是橙黄色，再向上是绿色和蓝绿色。这里所说的高度的影响，是指太阳光线在穿过天空不同区域的大气层到达观察者的眼睛时，途中所遇到的尘埃粒子的数量和大小是不同的。

对傍晚天空的颜色进行观察可以起到很好的天气预报的作用。假如傍晚的天空出现了红光，就说明在这个即将到来的夜晚不会有雨；假如有黄色或者浅绿色出现在地平线上，就说明即将到来的是好天气；假如有一层均匀的灰色物体笼罩在傍晚的天空上，就说明雨恐怕很快就要到来了。

25 生命在宇宙中传播所需的时间

【题】在一篇名为《进化论基础》的文章中记述了这样一种现象：宇宙中作为物种的孢子存在的微生物，在太阳光线的压力推动下，被送到遥远的宇宙另一边，遇到像地球这样的行星，便把生命传播到那里。此外，这篇文章中还写道：

阿列纽斯（瑞典化学家、1903年诺贝尔化学奖获得者）认为，物种的孢子从火星传播至地球需要20天，从海王星传来则需要14个月……

这个引证是不正确的，那么你知道它错在哪里吗？

【解】我们知道，光波传播的方向并不是到太阳去，而是从太阳而来，所以这篇文章中关于物种孢子从火星或海王星上被太阳光线推至地球的说法自然就是无法成立的了。正确的说法应该是：

可以想象这样一幅图景：假设离开地球的微生物，被太阳光的力量推至宇宙空间，那么它们到达火星所需的时间约为20天，到达木星所需时间约为80天，而达到海王星则需要14个月左右。

文章中引用的阿列纽斯著作中的数字是没有错的，只是方向完全弄反了。

26 红色信号灯

【题】你知道铁路上的停车警示灯为什么要设置成红色的吗？

【解】这是因为红光具有较大的波长，被空气中的粒子散射的能力弱于其他光波，也因此，相比其他光来说，红光传播的距离会更远。保障交通的安全，一个很重要的前提就是要更早或从更远的距离看到相关突发事件的信号。譬如，在面对障碍物时，火车司机要想避开危险，就需要有较长的一段距离来刹车。

红光在大气中具有良好的传播能力，这点是它被选择为灯塔光源的一个重要原因。在大雾中，红色信号灯可以在4千米以外被看到，而白色信号灯的传播距离却只有2千米，整整相差了一半的距离。

大波长光线的另一个重要应用，是用于天文摄影的红外望远镜和滤光镜上面（特别是针对火星）。

火星表面凸起的详细情况，普通的摄影技术是很难拍得到的，但是用红外线摄像机却可以很轻松地就捕捉到；此外，红外线摄像机还可以拍摄到行星的表面，但是普通摄像机只能照到行星的大气层。

小贴士

　　说起红绿灯的由来，还有一段有趣的小故事：19世纪初，在英国中部的约克城，人们用红、绿颜色的服装来代表女性的不同身份——着红装表示已婚，而着绿装则表示未婚。后来，英国伦敦议会大厦前经常发生马车轧人的事故，受红绿装的启发，英国机械工程师发明了红绿信号灯，其中红色表示"停止"，绿色表示"注意"。

27　光的折射率与物质的密度

【题】你知道在不同的介质中，光的不同折射率是由什么决定的吗？

【解】物质的密度越大，它的折射率就越大——这种说法是我们经常能够听到的。还有一种说法则是："光从密度较小的介质进入密度较大的介质时，几乎会垂直进入。"这种说法在一般情况下确实是正确的，但却并非绝对正确。

我们已知，两种介质的相对折射率和在这两种介质中光线的传播速度是成反比的。所以要使我们对这个问题更加感兴趣，研究起来也更方便一些，也许可以换一种问法——某种介质的密度是否会随着在这种介质中传播的光速越小而越大呢？

通过对在真空、空气和清水中的情况进行比较，我们发现二者之间并不存在这样简单的对应关系。假如将空气的密度作为单位1的话，在这三种环境下的密度分别如下：

真空 ⋯⋯⋯⋯⋯⋯⋯0

空气 ⋯⋯⋯⋯⋯⋯⋯1

水 ⋯⋯⋯⋯⋯⋯⋯⋯770

假如将光在空气中传播的速度作为单位1的话，那么这三种介质中的光速分别如下：

在真空中⋯⋯⋯⋯⋯⋯1

在空气中⋯⋯⋯⋯⋯⋯1

在水中 ⋯⋯⋯⋯⋯⋯0.7

在这里，我们期待出现的相互依赖的关系并没有出现。尽管很少见，但是确实还是存在着一些密度相同的物质，譬如说氯化物和经过适当稀释的硫酸锌；但在这些物质中光传播速度是不一样的（也就是说这些物质的折射率是不同的）。相反，有些物质具有相同的折射率，但是密度却不相同。比如，光在玻璃和松油中的传播速度是一样的（玻璃棒在松油中是看不到的），但是玻璃的密度却是松油的两倍。

折射率和密度之间只在一种情况下能够构成反比关系，就是当同一种介质在不同的温度和压力下才会出现这种情况，而其他情况都不合适。

还有一种误解源于在形似的情况下对"密度"一词在光学介质改变中的不正确理解。"光学密度"——这个名词平时不经常提起，它用来表示折射率等级。在两种介质中，折射率越大的介质所具有的光学密度就越大。

28 不同透镜的折射率

【题】"有两种玻璃，一种的折射率是1.5，另一种的折射率是1.7。将两种玻璃分别做成双面凸透镜。两个透镜的几何形状是一样的，它们的透光效果有什么区别呢？"

"如果把它们放入折射率为1.6的透明液体中，它们对射到它们表面的平行光会产生什么影响呢？"

这是爱迪生提出的几个问题，你能回答出他的这些问题吗？

【解】两个透镜的形状和大小都是一样的，仅仅是材料的折射率不同——分别为1.5和1.7，焦距便不相同：透镜的折射率越大，焦距便会越大（大28%）。

透镜被浸入到折射率为1.6的液体后，对光线的影响也是不相同的：会使光线发散的是折射率为1.5的、小于液体折射率的透镜，而使光线聚合的是折射率为1.7的、大于液体折射率的透镜。

29 地平线附近的光

【题】如图115所示，相比于高挂在天空正上方的月亮，在地平线附近的月亮看起来显然要大得多，既然这样，为什么我们不能在这个更大一些的月亮上看到月亮上更多的细节呢？

【解】只有当我们用更大的视角去观察这些细节时，才能够在客体上辨别出新的细节。假如可以用更大的视角去观测地平线附近的月亮，相比它高

图115

挂在正天空上时，我们理所应当看到更多的细节。但是实际上，相比月球在空中高挂时，我们的视角在它徘徊在地平线附近时并没有任何的扩大。月亮离观察者并没有更近，反之很容易推测，它在这种情况下离观察者的距离甚至会比当空高挂时更远。

虽然这个问题并不需要过多地和光在地平线附近的折射率联系起来，但是并不是说在这里大气折射原理——我们经常引用它来解释这种现象——就一点作用也没有。我们从玛丽雅·契诃娃对她的作家哥哥（契诃夫）的回忆中可以看出，这种错误的影响在人们的心中是多么流行。玛丽雅·契诃娃在书中这样写道：

有一次碰到一个夏日宁静无云的傍晚，巨大的红彤彤的太阳在地平线附近移动，我们突然冒出一个问题：为什么太阳落下的时候比正午时要大得多、红得多？长时间的争论后我们觉得，大概这时候太阳已经落到地平线以下了，但是大气层对它来说就像一个玻璃棱镜一样，将太阳的影像折射过来被我们看到，但是已经不是自己原来自然的颜色和大小了。

一本科普杂志上还刊登有这样一种解释，虽然它并不比刚才契诃娃的浅显见解更具有说服力，但我们不妨也引用一下：

232

太阳和月亮在地平线时看起来比它们正当空时要大，是因为在地平线附近大气层的折射率会猛增，在地平线上到达峰值。这使得太阳和月亮在地平线上都以一个更大的红色圆盘的样子出现。

但是实际上，如图116所示，不仅折射率没有增加，甚至还使得太阳和月亮在垂直方向上的直径有所减少，成了椭圆形状。可以肯定的是，这些天体与大气折射是没有一点关系的，尽管它们看起来更大的原因还没有最终被查明。

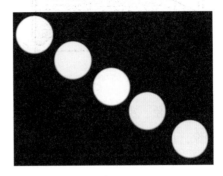

图116

综上所述，观察到的地平线附近的球体增大与用望远镜或者是显微镜观察到的物体大小的增减是两回事，这是我们应突出强调的一点。光学仪器之所以能够改变落在我们视网膜上的物体的像，是通过改变进入眼睛的光线的方向实现的。

光学仪器只是改变了落在视网膜上的物体镜像的大小，但却不会改变被观察物体本身的大小，也不会改变物体和我们之间的距离。影像被拉长以后就会落到更多的视觉神经末梢上；本应在神经末梢上汇聚一点的影像在没有光学仪器时会变得难以分辨，被感知为分散且扩大的一团模糊。

然而，我们在地平线上看到的天体在视觉上的放大并不是这种情况；我们之所以在这个变大的圆盘上不可能看到月亮表面更多的细节，是因为在视网膜上月亮的影像并没有扩大。

30 用硬纸板制作"放大镜"

【题】图117所示为用硬纸板制作的简易放大镜。其中K为硬纸板，厚度为2厘米，C、P为玻璃板，M为被观察物体所在位置，从O点观看时会看到一

233

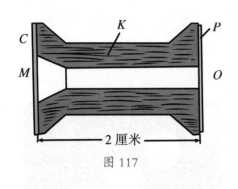

图 117

个放大的影像。请问，带孔的硬纸板为什么可以发挥放大镜的作用？

【解】在通过纸板上的小孔观察微小物体的时候会感觉明显增大；而之所以通过仪器可以成功地在客体上看到很多新的细节，是因为这种放大并不像地平线上的太阳变大那样是一种视觉假象。小孔的作用是不同于放大镜的。小孔增大了在视网膜上的物体的像，只是阻止了在视网膜上形成模糊影像的那一部分光线，而不是通过改变光线的传播方向。而透镜却是改变了光线传播的路线，在视网膜上形成了增大的客体影像。由此在无损视觉清晰度的情况下，小孔使得客体向瞳孔发生了明显的靠近。换言之，小孔是扮演了光圈的作用。

当然，透镜利用了更多的光线，相比小孔来说，无疑形成了更加明亮的影像——所以小孔还不能完全替代透镜。

如图119所示，物体放在距离眼睛2厘米的地方。清晰的视觉影像对一般人的眼睛来说形成距离是25厘米，意思是说可以在12.5倍于没有放大镜时观察的距离的视角下看到物体。换言之，在这种情况下我们拥有12.5倍的线性放大率。当然，只有在光线明亮的条件下这种放大才会有作用。

31 太阳常数

【题】什么是太阳常数呢？太阳常数表示在日地平均距离处，与太阳光呈垂直方向的单位面积（以平方厘米计）上，单位时间（每分钟）内所接受到的太阳总辐射能，是一种能量单位。

那么，你知道是冬天的回归线地区的太阳系数更大，还是夏天的极地地区的太阳系数更大呢？

【解】在全球所有纬度上，一年四季里太阳常数都是一样的（大约是每分钟每平方厘米8焦耳）。无论一年里的哪个时间段，太阳的能量都是平均播散在大气层外的每平方厘米面积上的。不同地区的太阳常数因气候和季节的影响而不同，这点只体现在地球表面上。一年里，太阳在同一地区的不同时段，因照射角度的不同，所造成的太阳常数的不同也仅限于地表。无论是冬季还是夏季，无论极地还是赤道，地球上的每平方厘米在太阳直射时所获得的能量都是一样的。但是由于太阳根本不可能直射在极地地区，而赤道地区一年也只有两次太阳直射的机会，而其余的时间里，该地区的太阳光线与地表之间也是有一个角度的，虽然相比极地地区的角度来说，它已经很接近直角了。

在一年的时间里，"太阳常数"严格来说并不是不变的。这是由于地球的公转轨道是一个椭圆，这使得在一年中的不同时段，地球和太阳的距离并不相同。相比7月1日时的日地距离来说，大约在1月1日时日地距离要近3.5%；这就意味着，相比7月的太阳常数来说，1月的太阳常数比它要大7%。这也多少使得夏天没有那么炎热，而冬天也没有那么寒冷。

32 什么东西最黑

【题】你知道最黑的东西是什么吗？

【解】在回答这个问题之前，我们应该先了解一下什么是黑色。一般来说，我们把没有任何光线照进我们眼睛的表面称为黑色。严格来说，自然界里没有任何东西是黑色的。无论是炭黑、黑金、铜的氧化物——所有被称为黑色的东西，都只是物体没有被光照亮而已。那么，最黑的东西会是什么呢？

窟窿——这个答案肯定会很出乎人的意料之外。

当然，这里指的并不是所有的窟窿，而是需要一定条件的。譬如说那种里外全部涂上黑色的封闭盒子上的窟窿，又或者是拔出了塞子的煤油罐上的那个窟窿。

在一个里外全部被涂成黑色的盒子壁上挖一个小孔，它看起来总是黑黑的。原因就在于通过小孔进入盒子里的光线会被盒子内壁吸收一部分，其余部分会被反射回来。但是反射回来的光线能够回到小孔的很少，而是再次打在了其他的黑色内壁上，被内壁二次吸收又二次反射。如此反复，我们的眼睛基本上就不会有光线进入。

我们可以用数字更好地感觉一下在屡次的反射中光强是如何变弱的。假设我们将黑色的油漆涂在盒子里面，射到里面的光线会被吸收90%，而将剩下的10%反射出去。意思就是说第一次反射的能量只是原能量的10%；而第二次依旧是10%，如此循环往复……在第20次反射后很容易就可以计算出，光强会减少至$\frac{1}{10^{-20}}$倍，也就是初始能量的0.00 000 000 000 000 000 001。

对于这点光亮，眼睛已经很难感知，几乎可以忽略不计了。假如初始光线来自于太阳，能量达100 000勒克斯，那么照亮度在经过20次反射后，所剩光强将仅为0.000 000 000 000 001勒克斯。

据我们所知，六等星——肉眼可以分辨的最黯淡的星的光强大约为0.000 000 04勒克斯。因此光线在20次反射后从小孔里出来对眼睛形成不了任何刺激。

综上所述，现在我们知道最黑的东西就是封闭器皿或者盒子上的小孔了。在物理学上这种带孔的盒子被称为"人造绝对黑色物"（绝对黑色物是指在任何温度下那种都能100%吸收表面光线的物体）。

33 太阳的表面温度

【题】你知道太阳的表面温度应该怎样计算吗？

【解】可以通过所谓"绝对黑色物体"的辐射来计算太阳表面的温度。理论上能够100%吸收所接受到的光能的物质就是黑色物体（自然界中的包括黑炭在内的所有黑色物质，都不是绝对黑色的——因为它们还是会反射部分光线的）。根据斯捷潘发现的物理定律，绝对黑色物体所具有的能量和它的温度（开尔文温标）的四次方成比例关系。

比如，将绝对黑色物体加热到2 400开尔文（2 127℃）时，所释放的能量要比它加热到800开尔文（527℃）时所释放的能量多$3 \times 3 \times 3 \times 3 = 81$倍。

为了便于计算太阳表面的温度，我们可以假设地球是一个绝对黑色物体，同时地球表面的平均温度为17℃，也就是290开尔文。当然实际上不同地区的地球表面的温度也是不相同的，这会影响计算的结果，从这里可以先忽略不计（正如地球也并非绝对黑色物体）。

太阳表面积从几何上来说只占据天球总面积$\dfrac{1}{188\,000}$。现在我们假设，地球本来就是处于半径为150 000 000千米（即日地距离）的公转圆周中心，地表单位面积的辐射能量与太阳也是相等的（见图118）。也就是说，假如太阳占据了整个天球的话，其辐射面积就是188 000。地球所得到的能量应是现在的188 000倍，而不是像现实中的那样。因此我们可得知，在热平衡的过程中地球温度本应和周围热源的温度，即太阳温度，获得相同的温度。由此我们可以这样认为，在这种条件下地球得到多少能量，就应释放多少能量

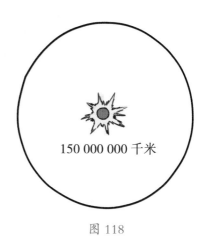

150 000 000 千米

图 118

（除非它不处于热平衡中，要么越来越热，要么越来越冷）。地面辐射和太阳辐射是一样的——因为地球获得了太阳射出的全部能量。然而，一方面是假设的地球表面辐射的全部能量和太阳辐射本应是一样的；而另一方面上述情况下的能量与现实中地球辐射的能量的比值却是188 000 : 1。

根据开尔文温标和辐射量之间的四次方关系，温度应该在辐射量增大
188 000倍时升高$\sqrt[4]{188\,000}$，即20.8倍。

现在用地表温度与20.8倍相乘，即290开尔文乘以20.8，结果大约就是
6 000开尔文。也就相当于说，相比太阳温度来说，与它相同的地球温度本应
是6 000开尔文，也就是约5 700℃。

很多物理学家靠直接实验和现实判断无法解决的问题，就可以依据几何
学定理作为辅助的证明方法来解决。

34 宇宙空间里的温度

【题】你知道宇宙空间的温度和存在于宇宙空间里的物质的温度是多少吗？

【解】在应用"宇宙空间的温度"这样一个概念时，很多人都欠缺
考虑，并没有真正弄清楚该词的意义。他们坚定地认为，宇宙空间的温度
为-273℃，而大气层外的所有星际间物质最终都会冷却到绝对零度，也
即-273℃。

但实际上，这两种说法都是不对的。首先，我们需要明白的是，所谓
"装着"物质的"空间"是没有温度的，是空的；术语"宇宙空间的温度"
不是其字面的意义，而只是一种概括。其次，假如宇宙空间里所有物质的温
度都是-273℃的话，那么对作为其中一员的地球来说，也是不例外的。但
是，相比绝对零度来说，地球表面的平均温度要比它高出290℃。

那么，怎样解释"宇宙空间的温度"呢？其实它是指受到太阳或者其他
恒星照射的绝对黑色物体的温度。早先人们走过了不同的道路，赋予了不同
的意义，经过这个过程我们才能得到这一定义。譬如，布里埃[1]计算的结果
是-142℃，弗莱利赫的计算结果是-129℃，由斯捷潘根据星体辐射的变化计
算出来的结果最可靠。计算方法在上一个问题中已经给出——就是计算太阳
温度的方法。

按这样的方法我们进行测量：半个天球的所有星体辐射总量的总和与太阳辐射量的比值也仅为1：5 000 000。如果太阳将整个天球占据，那么整个天球的辐射总量也就是太阳的辐射量，这个数字是星体辐射量的 $\dfrac{5\,000\,000 \times 188\,000}{2}$ =470 000 000 000倍。

相比从太阳那里得到的能量来说，地球由星体辐射得到的能量要少得多，大概仅为 $\dfrac{1}{470\,000\,000\,000}$，按照绝对温度的四次方与能量之间的比例关系，太阳表面的温度要比陆地表面的温度多 $\sqrt[4]{470\,000\,000\,000}$ =700倍。

我们已知，太阳表面的温度是6 000开尔文，那么地球从星星中所获得的温度就是 $\dfrac{6\,000}{700}$，即比绝对零度要高9开尔文，也即-264℃——而这正是宇宙空间的温度。

但是由于地球受到的照射不仅仅来源于星星，还来源于太阳，所以事实上我们这个星球的平均温度是290开尔文。假如没有太阳，地球将被-264℃的严寒统治。

如今我们清楚了，在没有太阳光照射的情况下，星际空间中的每一种物质，其温度不是-264℃，而是要稍高一些（见图119）。具体数字则是由这种物质的热传导能力、它的形状和表面特性所决定的。为了显示不同的物体在指定条件下的温度有何不同，我们不妨引用奥博托教授的专著《走向星际空间》中的一系列例子来加以说明：

（a）一金属球的直径为1厘米，传热性良好，将其放置于距离太阳1.5亿千米的宇宙空间中，会被加热到12℃（见图120）。

（b）如图121所示，在垂直太阳光的直射下，一根圆形截面的细长金属导线的温度会达到29℃（同样是这根导线，如果和太阳光平行放置的话，温度会小很多）。横置于太阳光下的其他任何被拉长形状的物体的温度都会在12℃～29℃之间。

（c）而被太阳光垂直照射时，宇宙空间中在地球这个位置上的金属薄片的温度会达到77℃（见图122）。假如光滑平坦的一面作为背面，而冲向

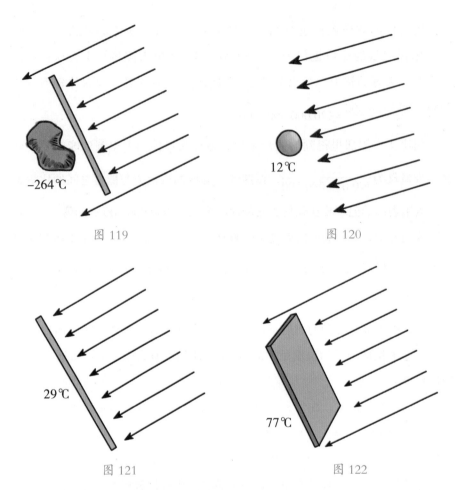

图 119

图 120

图 121

图 122

太阳的是乌黑发暗那一面，其温度就会达到147℃。

也许有人会有这样的疑问：为什么在地球表面这样的金属片从来没有过那样高的温度？这是因为大气层将地球包围住，热量的积累被空气的对流阻碍住了。上述的温度在不存在大气层的月球上，是可以达到的；同样，我们知道，月球表面的温度相差很大，如果将金属片的乌黑发暗的那一面背向太阳，温度会变得更低，只有-38℃。

对于在平流层尤其是星际航行中，需要计算飞行舱体的温度时，这些条件是至关重要的。在自己的第一次16千米高空飞行时，皮卡（Picard）坐在了一个一半涂上白色、一半涂成黑色的舱体中；尽管白色的铝制座舱处在-55℃的严寒中，却因为舱体黑色的一面朝向太阳，皮卡还是在火热的船舱中受尽了折磨。在日记中他记述道："太阳把黑色舱体的那部分加热了，里面的温度已经达到38℃。必须要把身上的衣服脱掉，实在是很热！"同时俄罗斯的飞行员也曾写道："在17.5千米的高空上，外部温度是−46℃，可是内部温度却在14℃以上。"类似的记录在"C−OAX−1"飞行中罹难的一位飞行员的日记中也曾出现过："高度20 500米。内部温度+15℃。外部温度−38℃。"

综上所述，即使是在低温的环境中，在太阳光的照射下，物体也可以达到很高的温度。贝尔德——1928—1930年间南极探险的一位参与者也证实了这种说法，他曾写道："探险者们发现，在一般的低温下，本身温度很少高于18℃的感光计（一种测量太阳辐射量的仪器），在那里显示的温度却是46℃！"在描写自己参加的1925年7月的一次热气球飞行时，弗里德曼教授也写道："我们的最大高度达到了7 400米，但温度仍在20℃，并不寒冷。我们朝北飞向巴黎，但温度反倒越来越热，太阳比在南方时还要灼人。"

在工业生产中，这一现象完全是经常用得到的。地质物理学家特拉费莫夫在塔什干建起了一个太阳能采集器，它不需要任何透镜就可以收集阳光，达到200℃高温。即使是在气温−14℃的地方用这种设备烧水，也可以将水烧开。

宇宙空间中的物质可以达到惊人的高温，因为它们虽然不像绝对黑色物质那样吸收了全部光能，但也是吸收了一定波长的光线。比如，根据法国天文学家法布尔的计算，位于地球轨道上的宇宙空间中的某种物体，在只吸收波长为0.004毫米的蓝光的情况下，它的温度就已经可以达到2 000℃；如果将金属片放在这样的物质层中，在阳光的照射下它会熔化。也许，这也正是彗星在靠近太阳的过程中自身会发光的原因了。

注 释

①布里埃（Claude Mathirs Pouillet，1790—1868），法国物理学家，索邦大学物理系教授，1837年入选为法国科学院成员。

−270℃		198 米 / 秒
−273℃		155 千米 / 小时
−273.15℃		29 千米 / 小时

1 金属的磁性

【题】相比铁磁化后的磁性来说，是否存在一种磁化后磁性比它强得多的金属？

【解】在某种临时磁化条件下，确实有些金属获得的磁性比铁获得的磁性要大。这种金属是一种叫作帕明瓦恒磁的合金，这种合金由 25% 的钴、30% 的铁及 45% 的镍组成。实践证明，和磁铁的导磁率相比，帕明瓦恒磁合金的导磁率要比它大两倍。

同样拥有帕明瓦恒磁合金这种性质的金属还有透磁合金（镍、钴、铁合体）和缪合金（镍、铁、铜合体）。透磁合金除拥有更强的导磁率外，还有一个明显的特点：在切断电流那一瞬间，它的导磁性会完全消失。由透磁合金做成的电缆外壳提高了水下电缆单位时间内传达信号的速度，相比不带这种外壳的电缆来说，这个速度是它的 3 倍。一根由透磁合金做成外壳的电缆可以代替 3 根普通电缆——这就大大地节省了原料。将帕明瓦恒磁合金应用到发电机和变压器之中，可以提升其有效功率几个百分点（原因是这样就避免了为克服剩磁而引起的磁性损失）。

2 分割磁体的磁性

【题】你知道将磁条分割成几个小块后，是离磁条两端近的磁块磁性更强，还是离磁条中间近的磁块磁性更强？

【解】我们通常情况下可能会认为越靠近磁体零磁力中线磁力就越小，

由此可以知道磁体中间部分磁性是很弱的。但是实际上恰好相反:磁力更强的是中间部分的磁体段。

图 123

原因很容易理解，如图 123 所示，假如将长磁体横切为几部分的话，每一部分仍是有两极的磁体，放置方向如图所示。假如磁体 a 的磁性比磁体 b 的大，那么磁体 a 的南极 s 的磁性要比磁体 b 的北极 n 的磁性大，而且从原来的磁体靠近 n 极部分分割出来的所有磁体的 s 极的磁力在一般情况下将会抵消所有 n 极的磁力，从而使得 s 极的一些磁力盈余出来。简而言之，整个磁体的这端是 s 极，而不是 n 极。所以，随着向零磁力线的靠近，所分割出来的磁体段的磁力会增大。

3 秤盘上的铁块和铜砝码

【题】如图 124 所示，假设圆柱形的铁块和铜砝码在天平上保持平衡。在考虑到地球磁场作用的情况下，铁块的质量和铜砝码的质量在严格意义上是相等的吗？

【解】有一种观点认为：“地球是一个巨大的磁体，所以地球对放着铁块的秤盘的吸引力，要比对放着铜砝码的秤盘的吸引力更大，因此，铜砝码的质量不等于铁块的质量。”

这种观点之所以会产生是忽略了地球庞大的体积和质量。相对于地球来说，铁块的体积和质量都是微乎其微的。要知道，磁体对铁不仅仅有吸引作用，同时还对它有排斥作用:靠近磁块 N 极的时候，在最接近磁块 N 极那端的铁块的一端就会产生 S 极，这一端就会受到磁块 N 极的吸引，而铁块的另一端就会产生 N 极，这一端就受到磁块 N 极的排斥。因为异极之间的距离小，同极之间的距离大，所以这两个力中的引力克服了斥力。磁块的 S 极也对铁块产生了两个相反的作用，引力在这种情况下大于斥力。

铁块　　　　　铜砝码

图 124

这种情况只是针对一般尺寸的磁体来说的。当磁体的尺寸很大，达到与地球一般大小时，就是另外一种情形了。因处在地磁场内，放在秤盘上的铁块也产生了两极。尽管如此，相比远离地球一端受到的引力来说，也不能就此断定磁条靠近地球的一端受到地球的引力就比它大；不同之处就在于磁条两端距离地球的距离之差是很微小的，两端所受之力在事实上根本看不出来有多大的差别。将铁块两端之间的距离和地球两极之间的距离进行比较，我们就可以看出很明显的结论。

因此，放在秤盘一端的铁块的质量就等于秤盘另一端铜砝码的质量。地球磁场对称量的准确性的影响是完全可以忽略不计的。也正是这个原因，将放在木塞上的被磁化了的铁块放入水中后，铁块只是在地磁线面上打转，而不会浮向地球的近端磁极。这是因为两个与经线平行的相反方向的力只能使它围绕地轴旋转，而不能使物体做平移运动。

4　电磁的吸引力和排斥力

【题】（1）胶棒吸引了轻质的小圆球，我们是否可以认为胶棒原先就是带电的呢？假如胶棒被小圆球排斥呢？

（2）铁针被铁棒吸引，我们是否可以认为铁棒起先就被磁化了呢？假如铁棒被铁针排斥呢？

【解】（1）胶棒吸引小圆球并不能就断定胶棒带电。假如轻质小球带电的话，轻质小球也会被不带电的胶棒所吸引。这种引力表明，不是胶棒带电，就是小球带电。

反过来说，假如我们发现胶棒和小圆球之间有相互排斥的作用，毋庸置疑，我们可以得出这样的结论：因为只有两个带同种电荷的物体才会相互排斥，所以两个物体都会带电。

（2）同理，磁体的情况也是如此。假如针头被铁棒吸引，也不能就此断定铁棒有磁性：没有被磁化的铁块在针头被磁化了的情况下，也是会吸引针头的。

5 人体的带电量

【题】你知道人体带电量会有多少吗？

【解】当一个人远离接地导线附近时（比如远离房间的墙壁时），他的带电量相当于30"厘米"——也就是说，在上述条件下，人体的带电量与半径30厘米的球形导体所带的电量是相等的。

6 灯丝的电阻

【题】在高温状态下和低温状态下，灯丝的电阻是不相同的。那么你认为对于50瓦的真空灯来说，这个差别是大还是小呢？

【解】随着温度的升高，碳棒的电阻会随之减小，而随着温度的升高，金属丝的电阻会变大，并且变化很明显。这两种灯丝的情况恰好是相反的。

在高温状态下，50 瓦的真空灯灯丝的电阻是冷却状态下的 12 ~ 16 倍。

7 玻璃是电的绝缘体吗

【题】你认为电流能够通过玻璃吗？

【解】在高温的状态下（300℃）玻璃就会变成导体，所以并不是在任何条件下玻璃都是绝缘体。

如果将玻璃棒的一部分或者长度为 1 ~ 1.5 厘米的玻璃管用酒精灯加热，并将它接入城市照明电路里，玻璃经过一段时间被加热到一定程度，电路里就会产生电流，这时接入电路中的电灯泡就会发亮。

很早之前，加热的玻璃能导电就被发现了：不像是金属里的电子导电，而是好像在电解液中的离子导电。我们仅能举此一例，因为固体中粒子导电的例子是很罕见的。

8 频繁开灯的后果

【题】对某些类型的电灯泡来说，频繁开关是有害的，这是为什么呢？

【解】钨丝灯泡被频繁地开关会对灯泡带来不良的后果。在抽空之后，冷却的金属灯丝会吸附灯泡里的残留气体。灯丝在加热后又会将吸收的气体排放出来，这种从灯丝里面逸出来的气体对灯丝具有破坏作用。

9 变粗的灯丝

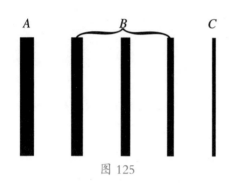

图 125

【题】电灯泡的灯丝在没有通电的情况下细得用肉眼几乎是看不见的。那为什么它在通电的情况下就很明显地变粗了呢？如图 125 所示，受热的灯丝的直径 B，人的头发丝的直径 A，以及蜘蛛网丝的直径 C（单位：毫米）。

【解】不用怀疑，在高温加热的条件下灯丝会膨胀几十倍。但是灯丝这种明显的变粗是绝不能归结为热膨胀的。金属的膨胀系数从几百到几千分之一内，各有不同。所以，即使金属丝的直径在温度升高达到 2 000℃时也就膨胀几个百分点，膨胀的程度是相当小的，相比我们所看到的要小很多。

我们总觉得白色的区域的尺寸比实际要大。物体越亮，给人的感觉就越大，这就是所谓的光晕效应。所以，事实上，灯丝膨胀是微乎其微的，但是我们却看到它膨胀了几十倍，这只是视觉错觉而已。之所以人会感觉高温灯丝的膨胀程度很明显，是因为它的亮度非常大：人会感觉实际直径只有大约 0.03 毫米的灯丝看起来直径至少有 1 毫米，也就是说它给人的感觉膨胀了 30 倍。

10 闪电的长度

【题】你觉得闪电的长度会是多少呢？

【解】很少有人对闪电的长度有正确的概念。据观察到的记录，最长曾出现过49千米的闪电。所以闪电的长度完全不能以米计，而应该用千米来计。

每当暴风雨来临，雨点即能获得额外的电子。额外的电子流出云层后，就会产生传导性轨迹。传导的轨迹会在空气中散布着的不规则形状的带电离子群中间跳跃着迂回延伸，而一般不会是直线，所以闪电的轨迹总是蜿蜒曲折的。

11 线段的长度

【题】两次测量一条线段，却测出两种不同的结果：第一次测量时它的长度为 42.27 毫米，第二次测出它的长度是 42.29 毫米。那么你知道哪次测量是正确的吗？

【解】大多数人会习惯地认为：实际长度就等于多次测量的平均数。因此线段的实际长度可这样计算为：

$$\frac{42.27+42.29}{2}=42.28（毫米）$$

实际上这是不对的，因为获得的长度在这种情况下的增加并不是真正的增加，而只是设想的增加值，所以根据这些数据真正的长度是不可能测量出来的。当然这个长度有可能有很大的误差，但也有可能会非常准确。

12 电梯攀升的时间

【题】地铁站内的电梯从站台层上升到地上一层用时 1 分 20 秒。乘客需要 4 分钟的时间通过静止的电梯走到地上入口处。假如电梯处于运行状态中，乘客在电梯上并攀登，那么需要多长的时间才能从站台走到地上入口处？

【解】相比整个电梯长度来说，在一秒钟内电梯上升的位移是它的 $\frac{1}{80}$。

在静止的电梯上乘客每秒上升的距离是整个电梯长度的 $\frac{1}{240}$。所以，在运行

中的电梯上乘客同时攀登电梯每秒上升的长度是：

$$\frac{1}{80} + \frac{1}{240} = \frac{1}{60}$$

因此可得出要走上梯顶乘客所用时间为：

$$1 : \frac{1}{60} = 60$$

也就是说，乘客攀登上梯顶只需要一分钟的时间。

13 歌曲《小棍子》的用途

【题】如图 126 所示，为什么人们在用手动重锤机（一种古老的重锤机）工作时会唱《小棍子》这首歌呢？假如工作时，工人们一直默不作声，会出现危险吗？

【解】人们一般会认为，《小棍子》只是决定了工作节奏，保证相应的工作强度和作息时间。尼·巴·德隆教授在《实践力学工作者的讲义》中写下了他的不同看法："赫尔曼教授进行了如下的观察：4 个工作人员用摇杆把 50 千克的汽锤升到最高点，然

图 126

后松开。每次升高 1.25 米，每分钟 34 次；但是与此同时，每过 260 秒就休息 260 秒。由此我们发现工作效率惊人地高。我们不用 100 个 206 秒计算，而是用《小棍子》之歌。"

现在已经不再使用装置陈旧的冲击试验机了。歌曲是为了先前的冲击试验机而写的，此时是通过松开绳子来实现汽锤落下的。歌曲不仅仅是作为一种合适的节律在用，且还保护工人让他们远离严重的危险——歌曲在冲击试验机工作的时候起了很大的作用。相比拉汽锤的工人们的质量来说，汽锤的质量总是应该小于它的，否则汽锤在下降的时候会将工作人员拉上去。假如在汽锤下降的时候工作人员没有松开绳子，会产生什么样的后果呢？很明显，汽锤将会把所有抓着绳子的工作人员吊起来，这些工作人员会因为没有及时松开绳子而被汽锤吊到空中。后果是很危险的：他们不是会撞在汽锤支架上，就是必然会从高空落下来。而这两种危险情况通常会同时发生。

如此，通过《小棍子》之歌发出"自动"的信号确定一个相应的时刻，为避免受到重锤强力上拉的作用，此时所有的工作人员都应该松开绳子。现代的冲击试验机中在达到最高点时汽锤会自动与牵连绳索分离而自己下落。此时歌曲丧失了上述的作用，因为汽锤在下落过程中的危险没有了。

14 两个城市

【题】在一次"爱迪生知识竞赛"中有这样一道题：某条河的两岸坐落着两个城市，两岸之间的距离为 1.6 千米，在一次自然灾害后两城之间的联系中断。怎样才能在不使用电的情况下让两个城市建立联系呢（假设横渡这条河是不可能的）？

【解】事实上，这个问题与爱迪生年轻时曾经遇到过的一件事情非常相似：有一天电报中断，要求爱迪生想办法与河对岸的居民进行交谈。他当时通过使用长短相间的机车鸣笛发送摩尔字母，从而发明了声学电报。

由此，现在要解决这个问题可以使用光学电报装置，这是一种昼夜工作的光信号装置——而这种方法很简便。不仅如此，另外可以设一个空中悬挂索道，借助足够能力的火箭投射器把轻质绳索的一端投向河的另一岸去，这样还能够把邮政货物或者其他的货物送过河。

15 海底的瓶子

【题】将一个瓶子敞口沉入深 1 千米的海底。你认为瓶子的容积在水的压力下是会变大还是缩小呢？

【解】人们一般会认为，液体对瓶子内壁和外壁施加同样的压力，因此很显然瓶子的体积是不会发生任何变化的。但是看过著名物理学家洛伦兹在他的《物理教程》一书中所做的关于气体对空心球的压力的论述后，或许你会产生一些不同的想法。

如果不考虑球体内壁受压的方式，我们这么设想一下：为了使内壁受到同样的压力，我们向球腔里填充和内壁同样材料的核，并且使填充和内壁完全契合，使它们融为一体。此时如果对球外壁施加压力 p，那么内壁的任何一点也都会受到同样大小的压力：球内外壁将承受同样大小的压力。到那时此物体各处将会按照一定的比例收缩，这个比例可以通过其压缩系数算出来。于是我们将得出这样的结论：

如果一空心球或者任意形状一容器内外壁都受压力 p，那么其内腔的容积收缩的程度和受到同样压力的内腔充满了物质的核子的收缩程度相同。

举例计算一下。在受到各方压力时物体的体积每受到 1 帕的压力将收缩：$\frac{3(1-2k)}{E}$，其中 k 为收缩指数，E 为压力系数。

对于玻璃来说，$k=0.3$，$E=6\times10^{10}$（单位是厘牛）。由此可见，如果玻璃瓶的容积是 1 升，或者说是 10^{-3} 立方米，当它受到相当于 1 000 米高的水柱的压力（10^7帕）时，其体积缩小：

$$10^{-3} \times 10^7 \times 3 \times \frac{1-0.6}{6 \times 10^{10}} = 0.2 \times 10^{-6} （立方米）= 0.2 （立方厘米）$$

很多人，甚至包括那些知道这个原理的人，觉得容器的内外两壁受到同样的压力体积会收缩这样的事情很不可思议。这里如果套用恩泽尔的一本很不错的名为《普通物理》的教程里面的推理方式可能是行不通的。实质上，洛伦兹也是这么认为的，只不过表述方式略有不同：

对比空心器皿和同等材料同等大小的、外部受到大小为f_1的均匀压力的实心器皿就可以确定空心容器容积的变化，这个变化也是由压力f_1引起的，它也是均匀地作用在容器内外壁上，我们称此力为张力。空心容器也可以通过向其内部填充与内壁材料相同的实心核的方法变为实心容器。由于压力作用于固体的各层，那么各层所受的压力大小就会和压力f_1的大小成正比。填充核与器皿内壁完全吻合，那么它也就受到与内壁所受同样大小的力作用，即f_1。也就是说，容器大小的变化取决于压力f_1（f_1作用于容器内外两壁，内壁的力来源于填充核）。因此，容器大小的变化不在于容器内壁是否受到来自填充核的压力，或者填充液体，因此容器容量的减小恰好等于内核体积的缩小。

在精确的计算中，比如在使用雷诺仪测量大量液体的压力系数时，上述因素是必须加以考虑的。

16 总是吸附在一起的约翰松背标尺

【题】如图127所示，在精确测量技术中，用一种叫作"约翰松背标尺"的钢锭进行测量。那为什么即使没有磁化，也没有加以固定，这些附着在一起的板仍然会紧密地附着在一起呢？

【解】在约翰松背标尺出现的时候，对于它持久吸附的能力人们用大

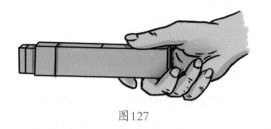

图127

气压来进行解释。人们会想当然地认为两个紧挨的光滑表面间不存在空气。但是，人们逐渐发现这是个假定——因为可以测出一个分离这两个板的压强，压强的大小是3~6千克/平方厘米或者更大。大气压是小于它的。两个紧密附着的通常有水痕迹的钢板面上的分子引力是使两板吸附在一起的真正原因。这两个板的边缘被磨得绝对光滑，中间没有任何空隙，并且各处间隔最多不会超过0.2微米（也就是0.000 2毫米）。与之相反，假如表面是绝对干燥，是不会吸附在一起的；因为要使两个板牢固地吸附在一起是需要极其微量的水痕（空气中本身有的）的：只有在受到大于等于30千克力的情况下，大小为1厘米×3.5厘米的两个截面才能够分离。

17 封闭瓶子里燃烧的蜡烛

【题】（如图128所示）把燃烧的烛头朝玻璃杯底方向固定，蜡烛燃烧一段时间后用盖子将杯子封盖，并用湿润的橡胶皮筋绷紧。火焰慢慢减弱，最后熄灭。试着打开盖子——你会发现要打开它要用很大的力气。

原因不难理解。火焰消耗了氧气，而密封的瓶中的氧气含量是有限的。残留的空气在这样大的空间里被稀释，压力减少。外部空间压力大于内部，将瓶盖重重地压在瓶子上。

上述文字节选自一本儿童杂志，描述了一个简单的小实验，而这个实验的目的则是演示大气压力。那么你觉得这段文字的解释正确吗？

图 128

【解】杂志上登载的实验忽略了重要的一点，就是二氧化碳和水蒸气在氧气燃烧之后会取而代之。尽管有一部分水蒸气会凝结附着在容器壁上面，但是氧气燃烧的产物本身并没有使容器里气体的体积变小。所以上述解释是不正确的。

这个现象产生的主要原因是物理的，而不是化学的。确实蜡烛在燃烧时，瓶子里边的氧气被燃尽了，但打开瓶子比较费力是由燃烧产生的热量造成的，而不是因为氧气燃尽所造成的。受热膨胀的气体的一部分从瓶子中逸出来，直到外部冷气体与内部热气体压力达到平衡。因氧气不足蜡烛熄灭时，瓶内空气变冷，气压变低，此时外部压力要比内部的压力大，瓶壁就会被外部空气压迫。

有这么一个众所周知的试验：将燃烧的纸片放在一个玻璃杯里，然后将杯子倒置在一个盛水的碟子上，结果碟子上的水被吸了进去。很多人将这一结果的原因归结于氧气的消耗，但是事实上这个解释是错误的。自然课教师们经常会通过这个试验来证明空气成分的复杂性。这些老师还认为玻璃杯里的水会上升到玻璃杯的五分之一处，与氧气在空气里所占的比例刚好相符，尽管这种所谓的守恒从来没有人观察到过。

自然科学史学家丹涅曼在他的著作《自然科学的发展及其相互关系》一书中描述的一项实验，证实了当时的人们对这一观点的普遍接受程度：

（如图 129）费隆燃烧蜡烛吸水试验：在容器 u 里边盛水，里边立放一根燃烧着的蜡烛。在它上面倒扣一容器 d。费隆说："水面迅速开始上升是因为容器 d 里的空气因为燃烧而被挤出来。水面上升的体积等于被挤出的空气的体积。"古代的物理学家并没有发现是同样数量的空气被排挤了出去。虽然如此，我们还可以举出那些为了证明空气是由两种不同的气体组成的试验中的其中一个，它是在18 世纪以舍勒为代表的物理学家所演示的。

图 129

代替氧气的二氧化碳并没有出现，要么二氧化碳被完全吸收了，要么就根本没有产生：反应的产物是固体（例如磷燃烧时就有固体产物）——这就是他得出的结论。

"为什么倒扣在油布上的热的潮湿的玻璃杯会把油布吸进去？"——这是以前在《火星》杂志上的一个专栏里登载的一个来自某读者的问题，这个问题跟我们所讨论的试验有直接的联系。

对我在前言里所提及的人们基本物理学概念模糊的原因，杂志上登载的回答很好地进行了解释：

在沾有热水的玻璃杯里，空气膨胀，浓度变大，一部分空气逸出玻璃杯。而如果玻璃杯被密封严实，那么随着玻璃杯的冷却，里边的空气也随之冷缩，容器内的空气密度也变小了！所有的物体都受到大气的压力；正常压力的空气会向空气压力小的空间扩散。大气压力使柔韧的油布压入玻璃杯——玻璃杯被吸附在油布上。

冷却的气体在密闭的玻璃杯里之所以既不会被压缩也不会变稀薄，是因为它充满了整个玻璃杯；更不用说"空气因为被压缩而变得稀薄"这种荒谬的理论了。在密闭的容器里，气体的压力随着温度的降低而变小——这是做出如此可笑的解释的人完全忽视的一个事实。

注　释

①在这种条件下，二氧化碳的确有一部分被水吸收，但这并不是这种现象产生的原因。

18 测温计年表

【题】你知道摄氏温度计、华氏温度计和列氏温度计这三种温度计哪种出现得最早吗？

【解】摄氏温度计、华氏温度计和列氏温度计这三种温度计出现的顺序如下：列氏温度计是最先于18世纪初发明的，随后1730年出现了华氏温度计，摄氏温度计最后于1740年出现。

19 温度计的发明者

【题】你知道分别是哪国人发明的摄氏温度计、华氏温度计和列氏温度计吗？

【解】很多人习惯地认为列氏温度计是英国人发明的，摄氏温度计是法国人发明的。因为英国和美国最先普及列氏温度计，法国最先普及摄氏温度计。但是事实上，列氏温度计是由住在丹兹科的一名德国人发明的；摄氏温度计则是由瑞典的一位天体气象学家发明的；华氏温度计的发明者则是法国的一名自然科学家。

20 地球的质量

【题】科学家们据一些测量结果得知地球整体密度大约等于5.5克/立方厘米；由于地球的直径已经测出，它的体积我们也可以很容易地算出。进而科学家们就可以得出地球的质量。

这段话摘自一本科普读物。你认为上述测量地球质量的方法是正确的吗？

【解】先算出地球的平均密度，然后用地球的体积乘以这个平均密度就可以测出它的总重量了——这个测定地球质量的方法存在于很多科普类书籍之中。

据我们所知地球内部的密度是不可能直接测量到的，那么地球的平均密度又是怎么算出来的呢？事实上计算的步骤刚好相反：先测定地球的质量，它的平均密度则根据这个测出的质量和地球的体积算出来。通过测定一个质量为1千克的物体对与它相距1米的质量为1千克的物体的引力的试验来实现地球质量的测定。我们已知地心与地球表面的距离有6 400 000米，对其表面1千克的物体地心的引力是9.8牛顿；引力与距离的平方成反比，而与产生此引力的质量是成正比关系的。据此我们不用知道它的平均密度就可以算出地球的质量。

这个计算较为简单。1千克的质量对另外一个与其相距1米的1千克物体的引力为：$\dfrac{1}{15\,000\,000\,000}$牛顿。

所以，在假设地心与此1千克的物体相距1米的情况下，地球的质量M对它的引力是：$\dfrac{M}{15\,000\,000\,000}$牛顿。

已知地球的半径是6 400 000米，假设地心聚集了地球全部的质量，此引力就是它的$1/6\,400\,000^2$，即：$\dfrac{M}{15\,000\,000\,000 \times 6\,400\,000 \times 6\,400\,000}$牛顿。

据我们所知，地球对在其表面1千克的物体的引力是9.8牛顿，因此：

$$\dfrac{M}{15\,000\,000\,000 \times 6\,400\,000 \times 6\,400\,000}=9.8$$

得出：

$$M=15\,000\,000\,000 \times 6\,400\,000^2 \times 9.8$$

地球的质量通过计算可得出是个整数：

$$M=6 \times 10^{24}（千克）$$

21 太阳系的运行

【题】天文学家认为，太阳系在以大约 17 千米／秒的速度朝天琴座[1]方向飞近。如果太阳系不是匀速的，而是加速或者减速飞向天琴座，那么在地球上会看到什么现象呢？

这是一本物理知识习题集中的一个问题，你能回答这个问题吗？

【解】物理知识习题集的编者对此做了如下回答：

在朝向天琴座方向加速时所有地球上的物体都要比匀速时重，而背向天琴座加速时所有物体比匀速时轻。

想要这个回答是正确的，就需要天体运动的力不对处于其表面的物体产生任何的作用。但是对于这种促成天体运动的力，我们知道它是一种万有引力。这种万有引力使所有的物体获得同样的加速。在任一时刻所有的星球和处于星球上的物体本应该都以同一速度运动；换言之，即相对于其他的物体处于静止状态。也就是说，物体的质量应该没有什么变化的。根据在地球上的观察，相对于其他星球来说，不仅发现不了我们的星球是在做加速或是匀速运动，同时对它是否运动也无法确定。

注 释

①天琴座是北天银河中最灿烂的星座之一，因其形状犹如古希腊的竖琴而命名。虽然天琴座面积不大，但是并不难认，因为它的主星织女星是"夏季大三角"中的一个顶点。

22 飞向月球的火箭

【题】在看完我有关未来在宇宙中进行火箭飞行的报告后，一位天文学家这样对我说：

您忽略了一个现实的条件：飞船飞抵月球是完全不可能的。因为与天体的质量相比，火箭的质量是微不足道的，而正是由于其极端微小的质量使得物体在相对小的力的作用下获得了极大的速度，而这个相对小的力在其他条件下可能会被忽略不计——我是指像金星、火星、木星这类行星的引力条件。虽然火箭很小，其质量几乎等于零，但对于如此小的质量来说，即使不用很大的力，给人的感觉也会相当明显。这个不是很大的力会使火箭高速运行，由于会受到每一个大质量星体的吸引而在宇宙空间中以奇异的路线环绕飞行，它在运行时也就永远不能靠近月球。

那么亲爱的读者，你认为文中的观点是否正确呢？

【解】表面上这个观点看起来很有道理，但其实全无科学根据。毋庸置疑，从天文学的角度来看，火箭的质量可以等于零，但也正因为如此，星球对它的作用力也就等于零。如果其中一个物体的质量为零，无论另外一个物体的质量有多大，它们之间的引力也为零。没有质量的物体不可能产生引力——要知道两个物体之间的引力与它们的质量成正比。

通过另外一种方法也可以将这个结论推导出来。假设有两个质量分别是 M 和 m 的物体，它们之间的相互作用力等于（其中 k 表示万有引力系数[①]，r 表示物体间的距离）：

$$f = \frac{kMm}{r \cdot r}$$

质量 m 的加速度 a 在受到力 f 时，a 就等于：

$$a= \frac{f}{m} = \frac{kMm}{r \cdot r} \ : \ m= \frac{kM}{r^2}$$

由此可知，受吸引物体的加速度取决于吸引它的物体的质量，而不是取决于它本身的质量。由此推出，火箭在星球引力作用下会获得一个加速度（亦即位移），这个加速度与重力加速度是相等的，譬如地球的加速度。但显而易见的是，其他星球对地球的引力作用是微乎其微的。

所以，宇宙飞船的驾驶员不用担心会被金星、火星或者是木星吸走，可以放心地向月球迈进了。

注　释

①万有引力系数，也称"万有引力常量""万有引力常数"，是一个实验物理常数，指两个相距 1 米的物体之间的万有引力。

23 失重状态下的人

【题】一位天文学家认为星际飞行是不可能的，并且做出了下面的论述：

在无重力条件下，我们的机体会对各种不适应情况做出灵敏的反应。试着将头下垂或者将脚抬起，随之而来的血液循环的破坏将会很严重。如果这是由于重力方向变化引起的，那想象一下如果重力不存在了会怎么样啊！

那么对于这个结论你认为是正确的吗？

【解】我在星际航行学的课堂里，发现经常有人引用这个观点来反驳在没有重力的环境里人类可以生存的观点。如果一个人被头朝下吊起来会死掉，被置于完全失重的环境里也会死掉——许多人不知为何会相信这种观点。在一定的条件下，重力是有害的，由此推断完全失重也是有害的，人们似乎认为这种推论是理所应当的、正确的。

然而实际上，人处于失重状态下对机体是没有危害的。在这里我得指出一点细节（详细内容可参看我的《星际旅行》一书）：人的身体状态从竖直变为水平，然后躺在床上，感觉会像是在休息一样。但是要知道重力对血管的作用在身体处于水平状态时与处于竖立状态时是完全不同的。这说明血液循环几乎是不会受到血液的重力影响的。

当然也不能因此就得出"机体无法感知失重状态"这样的观点。事实上，感觉还是会很明显，只不过对机体没有坏的影响而已。

24 开普勒第三定律

【题】在不同的书中，开普勒第三定律会有不同的表述。在一些书中这样说道：行星和彗星公转周期的平方等于它们公转轨道长半轴的立方。另一些书中则这样表述：行星和彗星公转周期的平方等于它们离太阳距离的立方。那么你认为上面哪一种表述是正确的呢？

【解】事实上，轨道长半轴和行星距离太阳的平均距离这两种表述都

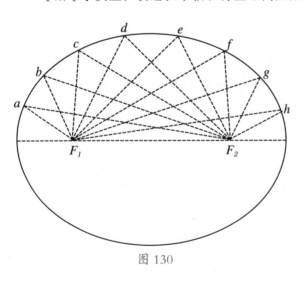

图 130

是正确的。只不过它是行星绕太阳运行轨道各点距太阳距离的算术平均值，而不是行星距太阳最远距离和最近距离的算术平均值。图 130 为行星与太阳平均距离的计算方法，当太阳在焦点 F_1 的位置，行星依次位于 a，b，c，d 等位

置时，行星距太阳的平均距离可以通过把各轨道点距焦点 F_1 的距离 F_1a，F_1b，F_1c，F_1d 等相加然后再除以所选取的轨道点数计算出来。通过计算可得出这个值等于长轴的一半。

通过下面可以证明。假设取轨道上 n 点，由此就有 n 个距离。根据椭圆曲线的性质，把焦点 F_2 与所有的点相连，各点距两个焦点的距离之和就等于 $2a$，所以：

$$a F_1 + a F_2 = 2a$$

$$bF_1 + bF_2 = 2a$$

$$c F_1 + c F_2 = 2a$$

$$\cdots\cdots$$

分别将等式左边所有项和右边所有项相加可得出：

$$(a F_1 + bF_1 + c F_1 + \cdots) + (a F_2 + b F_2 + c F_2 + \cdots) = 2an$$

假如 n 无穷大，在椭圆曲线里由于两个括号里的表达式是对称的，而每个括号里的表达式都是所有行星位置距焦点（即距太阳距离）的距离之和，这个总和我们用 S 表示。可以得出：

$$2S = 2an$$

从而得到：

$$\frac{S}{n} = a$$

其中，$\frac{S}{n}$ 是表示行星距太阳的平均值，a 是表示行星轨道长轴。也就是说，所有的行星距离太阳的平均值与行星轨道长半轴是相等的。

25 永恒的运动

【题】假如标准的圆形就是行星围绕太阳公转的轨道形状，那么由于它们没有远离吸引它们的物体，所以这些星体很明显将不用做任何功。但是这些对于轨道是椭圆形的星体来说就是另外一回事了。譬如，地球环绕太阳公转的轨道就是如此。确实，地球克服太阳引力做功，消耗能量，从近日椭圆焦点运行到远日椭圆焦点；然而当地球又回到原点时所消耗的能量就又全部得到补给。总而言之，地球在环绕太阳公转时不损失能量，公转就可以无限制地进行下去。

行星公转是永恒运动的典型例子——这就是通过上面表述所得出的结论。

但是假如事实是这样的话，那么物理学上为什么会认为不可能存在永恒运动呢？

【解】事实上，物理学上从来没有人断言永恒运动是不可能的。否定的是永动机，而不是永恒运动。永动机是一种可以永无止境工作下去的机器。由于这样的机器可以无限制地工作，而自然界的能量就会变得不守恒了，因此永动机的存在否定了能量守恒定律。而围绕太阳运转的行星不是这样的机器，因为它在运转的时候没有对外做功，所以它不是永动机。行星的运转并没有违背物理学规律，它是一种永恒运动。

近些年来在超导体内部（在极低的温度下），人们发现有可能存在持续不断的电流，很多人认为这是明显有悖能量守恒定律的。我们还需要指出的是，虽然超导现象并不是我们研究的对象（因为电流不是电子的直接运动形式），但是上述现象肯定也不会违背能量守恒定律：仅仅是因为电流没有对外做任何功，它在超导体内永恒运动。假如让它做功，它就会停止了。

在未来的太空飞行中或许会出现一种小型的发电机，它装置在飞船外部，可以在绝对零度的条件下工作。它一旦开始运作，就可以为飞船的航行持续地提供不间断的电流。要知道，地球、月亮和其他行星在绝对零度的低温下已经具有类似的永恒运动。

我们暂且不去讨论其他方面的错误，最起码仅仅是把"永恒运动"和"永动机"混为一谈就是必须要指出的错误。

26 人类机体和热源

【题】你认为把人类机体看作热源的理论基础会是什么呢？

【解】在物理学上把动物的机体和热源相提并论是不可行的。人们在通常情况下认为动物机体和热源完全相像——这会是一个愚蠢的错误。两者都是消耗燃料（动物机体消耗食物中蕴含的能量），这些燃料被氧化时释放能量。由此可见，两者仅仅是表面上相像而已。于是人们就草率地得出——动物的热是动物机体运动的能量源泉，就像汽缸里的热是机器运作的能量源泉一样，这样一个结论是不正确的。

有时候人们也会困惑：我们为什么在寒冷的天气里不活动的时候会觉得很冷，而工作时身体会发热？感觉这种情形本应该是相反的，因为不对外做功时热量是储存起来的，而在对外做功时热量消耗了。

上述有关人的机体和动物机体能量来源的论述是与热力学原理相悖的。因为机体不是热源，这是动物的机体和热源在本质上的不同。

动物机体体能消耗的能量是在机体对外做功时食物消耗转化而来的热量——这种假设是不合理的。简而言之，为何不是原先储存在机体中的食物变为热量，然后转化为功的形式呢？热力学认为，仅仅是在热从高温物体（加热器，如汽缸）转移到低温物体时所发生的过程就是热量转化。这里，转化为功的热量值和来自加热器的热量值之比与加热器和冷却器温度之差与加热器的绝对温度之比是相等的（在这里表示效率系数，T_1是高温物体的绝对温度，T_2是低温物体的绝对温度）：

$$k = \frac{T_1 - T_2}{T_1}$$

我们试将这个公式应用于人类机体（假设人类的机体是热源），众所周知，在正常下人体温度大约是37℃。很显然，由于两个温度之间的差异是所有热源做功所必须的条件，所以这个温度是两个有差值的温度的其中一个。换句话说，37℃不是高温度（加热器的温度），就是低温度（冷却器的温度）。我们已知人体的能量利用效率大约等于30%，也就是$k=0.3$，然后利用上面的公式，对下面的情况进行分析：

第一种情况，37℃是加热器T_1的温度（绝对温度310开尔文），T_2（即冷却器的温度）可利用下面的等式求出：

$$0.3=\frac{(310-T_2)}{310}$$

所以可得到，$T_2=217$（开尔文）（绝对温度），即–56℃。这就说明在我们身体的某个部位温度会是–56℃！会像一些书的作者所说的那样，假如效率再高一点，准确来说也就是50%，我们会得出更大的谬论：温度会到达–118℃——在我们身体的某个部位。

也就是说，动物机体里的高温度不是37℃，那动物机体里的低温度是不是呢？我们一算便知。

第二种情况，冷却器的温度是37℃。这样$T_1=273+37=310$（开尔文），所以当$k=30\%$时：

$$0.3=\frac{(T_1-310)}{T_1}$$

所以可以得到，$T_1=443$（开尔文），也就是170℃：即在我们身体的某个部位的温度为170℃［当$k=50\%$，得出$T_1=620$（开尔文）（绝对温度），即347℃］！

没有任何一个解剖学家发现在人体内的某个部位的温度高达170℃，也没有哪个部位低到–56℃，所以对于把人的机体和热源相比并论的观点，我们就不得不摒弃了。

莱赫尔教授在《医生和生物学家的物理学》一书中这样写道：肌肉不是热力学意义上的热源。

化学能量在我们的肌肉里是间接地转化为功的——现在我们就可以这样
肯定地说。

27 流星为什么会发光

【题】你知道流星发光的原因是什么吗？

【解】即使在天文学方面的书里也没有对这个问题的详尽解释，尤其不
但在科普类天文学书籍里几乎没有出现过，而且在物理教科书里更是几乎没
有涉及过。同时人们对于这个问题有过很多很荒谬的想法，并且一些荒谬的
想法还被人们普遍地认可。

需要关注的是，在进入地球大气圈之前流星是冷的物体，本身并不发
光，之所以能发光是因为它进入地球大气圈后燃烧达到了发光的亮度。当
然，它并没有燃烧，因为在那样的高度，空气密度是地面的几千分之一，所
以燃烧（离地球表面100多千米的高度）是不可能实现的。

那么流星是怎么燃烧的呢？流星受到空气的摩擦而燃烧——这是人们
通常情况下的想法。但是流星只是吸附它周围的空气，而并不是与周围的空
气发生摩擦。

"流星燃烧是源于流星在运动时，为克服空气阻力而损失的能量转化成
的热"——有些"科学解释"是这样表达的。但是，首先这种观点和理论是
相悖的。假如流星损失的动能直接转化为热，也就是说流星自身的分子的无
规则运动加快了，那么流星整体都会变热。但是研究表明，通常温度升高的
只是流星的表层，其内部仍然是像冰一样的冷。在事实面前，上述观点也是
不可能站住脚的：流星的温度随着流星速度的降低并不一定降低；流星的动
能可能转化为另外一种形式的能了。背离地球的物体运动速度降低了，但因
为动能转化成了势能，所以物体的温度并没有升高。有时候流星损失的一部
分动能会转化为附着于其上的空气的涡流动能。确实剩下的一部分动能会转

化为热，但是低速度的分子运动怎样才能转化为高速度的分子的无规则的运动，也就是所谓的热运动呢？对于这个问题，上面所给出的回答并不能将其解释清楚。

实际上，流星发热是因为起初是附着在它周围的空气温度升高，而并不是流星本身的温度升高，尤其是流星在大气层里高速运行时，它前面的空气的温度升高了，而空气在温度升高以后，把自身的热量传给了流行表层。在被密压的情况下，空气的温度会急剧升高，而由于流星速度极快，空气的热量就不能充分转移到流星体上，这种情况就类似于绝热压器。

下面我们可以举例计算一下，闯入大气的流星将空气冲压到什么程度才会燃烧。通过下列各个因素之间的关系物理学可测出：

$$T_k - T_i = T_1 \left[\left(\left(\frac{P_k}{P_i} \right)^{1-\frac{1}{k}} - 1 \right) - 1 \right]$$

这个公式表明了在绝热膨胀时各变量之间的关系，其中各参数的意义分别为：

T_i 表示起始绝对温度；

T_k 表示终止绝对温度；

$\frac{P_k}{P_i}$ 表示终止气压和初始气压之比；

k 表示气体的两次比热之比；

对于空气来说，k=1.4，$1-\frac{1}{k} \approx 0.29$。

通过计算这个公式，可得出 T_i（高层大气的温度）等于 200 个绝对温度。然后我们需要求出 $\frac{P_k}{P_i}$ 的值。当空气从 0.000 001 个大气压压缩到 10 个大气压时，$\frac{P_k}{P_i} = 10^8$，然后将这个数值代入公式中，可得出：

$$T_k - 200 = 200 \times (10^8)^{0.29} = 40\ 000 （开）$$

这个计算是基于假设的数据，它只能估出未知数，而不能追求很高的准确度。

因此我们得知空气被流星冲压后其温度会升高到几万度。根据流星亮度估算出来相似的结果：10 000 开 ~30 000 开。实际上在观察流星时，我们并没有看到流星本身——它通常看起来像核桃那么大，有时候会像豌豆，或者更小——而是看到被流星燃烧的空气，事实上相比流星本身的体积来说，它的体积要大好多倍。

上述现象和炮弹发射时温度升高的原理是一样的：要使空气升温，炮弹是通过冲压它们前面的空气实现的，同时其本身的温度也由于空气的升温而升高[2]。有所不同的是，流星速度是炮弹速度的 50 倍甚至更大。温度的升高幅度只取决于初始温度和终止温度，所以即使高层大气的密度和近地大气密度有很大差别，但也与其绝对数值无关。

对这种现象产生的机理我们也只是简明扼要地说明一下。现代流星天文学则是如此表述的，如下：

流星飞入大气层之后与空气中的一些分子发生碰撞，在大气层的最外部，空气是很稀薄的，这样与流星发生过碰撞的分子就会离开流星前方空间与流星发生新的碰撞或者与其他分子发生碰撞；但是在大气层密度较大的地方碰撞是很频繁的，于是在流星前边形成了由空气分子组成的穹盖，它由部分被分散的、电离的、高速运动的空气分子和流星体物质升华物组成。在穹盖形成的时刻流星的亮光不断地增强，使得人们能够看到流星燃烧。

而剩下的就是要解释空气在被压缩时为什么本身会出现升温的现象。我们可以认真地看一下空气被流星冲压的模拟实验。与石头相撞的空气分子被反弹的速度比之前的速度快。可以想一下打羽毛球的情景，为了让羽毛球以更大的速度击出，运动员是自己挥击球拍打羽毛球，努力击打，而不是消极地等着羽毛球打在球拍上然后返回。正如运动员自己所说的那样："把全身的力气都加在了球上"（应当说是把全部的质量都加在了羽毛球上）。就像羽毛球被球拍反弹一样，每个分子都被迎面飞来的流星冲击面反弹——空气分子获得了击打它的物体的能量的一部分。分子动能的增加与我们所说的温度的升高是相同的。不难理解，由于膨胀的空气分子被自己分子热运动能量的一部分传给了碰撞体，它被减速了的碰撞体以小于原来的速度弹回，温度应该会降低。

271

注 释

①火流星：看上去非常明亮，发着"沙沙"的响声，有时还有爆炸声。流星体质量较大，进入地球大气后来不及在高空燃尽而继续闯入稠密的低层大气，以极高的速度和地球大气剧烈摩擦，产生出耀眼的光亮。

②据测量得知，炮弹后垫所受的压力是 3 个标准大气压。

28 厂矿区的雾

【题】为什么相比林区和庄稼地来说，厂矿区会更频繁地出现雾呢？譬如说伦敦的雾已经成为了习以为常的事物。对这种现象应该怎样解释才正确？

【解】分子物理学对此有简明扼要的解释：厂矿区域的空气被烟微粒所充斥，所以雾出现的频率会很高。在同样的温度下，相比靠近液体平面的饱和蒸汽压来说，靠近液体凹面的饱和蒸汽压要比它小得多。与此类似，靠近液体凸面的饱和蒸汽压要比靠近液体平面的饱和蒸汽压大得多。原因在于相比平面液体表面的分子来说，有凸面的液体表层的分子要更容易离开液体表面。假如将球面凸度很大的水滴（也就是说水滴非常小）放进充满饱和水蒸气的空间里会有什么事情发生呢？在这个空间里水滴会蒸发，假如水滴足够小，那么整个水滴都会变成蒸汽，要是之前水蒸气已将这个空间冲至饱和的话，就会变得过于饱和了。

很容易理解，只有在过饱和的情况下水蒸气才会开始凝结成水珠。水分子在这个水蒸气刚好饱和的空间里不可能凝聚成水珠，因为原来的极小极小的水珠已经迅速地蒸发了。

还有一种不同的情况就是，要是饱和了水蒸气的空气中含有烟微粒的话，无论这些微粒多小，相对于分子来说它们都是算很大的了。附着在这些微粒上的水蒸气很快就形成了很大的水滴。这些水珠的半径很大，其表面的凸度没有达到使水蒸气蒸发的程度。由此可见，这就是在有烟微粒存在的情况下水蒸气会更容易凝结成水珠，也就形成了雾的原因所在。

29 烟、尘、雾的区别

【题】你知道烟、尘、雾这三者的区别在哪里吗？

【解】尘、烟、雾既是自然的，又是人为的。譬如在隐蔽技术里要实现伪装就是通过改变悬浮在空气或者其他气体里的微粒的位置和大小来办到的——所以有时候它们会被人们利用。假如微粒是固体——我们指的就是尘和烟，假如是液体——我们指的就是雾。

首先可以通过其微粒的大小来区别尘和烟。尘的直径在 0.001 厘米和 0.01 厘米之间，而通常情况下烟的直径是在 0.000 000 1 厘米左右；所以尘的颗粒要大一些。譬如香烟的烟微粒就是在 0.000 000 1 厘米左右，相比氢原子的直径来说，烟微粒的直径是它的 10 倍（但是体积却是氢原子的 1 000 倍）。

其次，除了大小的不同以外，烟和尘的区别还在于：烟微粒要么不沉降（假如它们的直径小于 0.000 01 厘米），要么匀速沉淀（假如它们的直径不小于 0.000 01 厘米）。前一种情况下所谓的微粒的"布朗运动"速度要比微粒的沉降速度快。然而尘微粒却是加速沉降。

30 月亮和云彩

【题】月亮的出现会让雾消散，这种现象在夏天时会更明显。请问，这种说法是正确的吗？又该如何解释月亮的这种作用呢？

【解】确实，云在月亮出现的时刻就消失了，然而在这两个现象之间却不存在因果关系。云在夏季晚上刚刚来临时，会随着下降的空气流而下降，落入到更加热的干燥的空气里就蒸发了。这跟月亮是否会出现在天空没有直接的联系。但是云彩在月光下会消散得更明显一些，所以人们就认为月亮将云彩吃掉了。

31 水分子的能量

【题】请问，分子在 0℃ 的水蒸气里动能更大些，还是在 0℃ 的水里抑或 0℃ 的冰里动能更大一些呢？

【解】由某物质的温度决定此物质分子的热运动能量，而与它是处于固体、液体还是气体这些条件，是没有什么直接联系的。所以，在同样的温度下，冰、水以及水蒸气也具有同样的动能，即使三者的分子是不相同的。

32 绝对零度下的热运动

【题】在 –273℃ 的环境下，氢分子的分子热运动的速度会有多大？

【解】"绝对零度就是 –273℃。在绝对零度下，分子的速度等于零。因此，在 –273℃，氢分子处于静止状态，其他分子也是这样。"

这个回答或许涉及了很多规律，但这个答案却是不正确的，因为绝对零度是 –273.15℃，而不等于 –273℃。

只不过相差 0.15℃，有必要还特意提出来吗？要知道，分子在这两个温度下几乎是不动的，仅仅是 0.15℃ 的差别一般看不出什么来的。

也许表面上看是这样的，但这个假想只通过计算就可以推翻。原因在于分子的速度减少是和绝对温度的平方根成比例的，所以事实上，分子运动的速度即使在很低的温度下也是很大的。我们可以计算一下。从气体动能理论得知，氢分子在 0℃，也就是绝对温度 273.15℃ 的情况下以 1 843 米 / 秒的速度运动。假设它们的温度为 −270℃（也就是绝对温度 3.15℃），平均速度是 x，可以通过下列公式得出 x：

$$\frac{x}{1\,843} = \frac{\sqrt{3.15}}{\sqrt{273.15}}$$

从而得出 $x=198$（米 / 秒）。

在这样低温的气体中，分子运动的速度要比子弹的速度快得多。

现在看一下我们需要解决的问题：在 −273℃ 下，也就是绝对零度 0.15 开尔文下，氢分子的速度是多少（见图 131）。通过下列公式我们可以得出：

$$\frac{z}{1\,843} = \frac{\sqrt{0.15}}{\sqrt{273.15}}$$

由此得出 $z=43$（米 / 秒）。

这就大约等于 155 千米 / 小时。这样的速度是怎样也不能忽略的——比老式飞机还要快，所以它的速度就不能认为是接近于零了。

−270℃		198 米 / 秒
−273℃		155 千米 / 小时
−273.15℃		29 千米 / 小时

图 131

33 绝对零度的环境是可制造的吗

【题】你认为绝对零度是能够达到的吗?

【解】1935 年,在莱顿实验室中人们制造出了接近绝对零度的低温,但却并没有越过 $\frac{1}{200}$ 绝对零度这个坎。当时人们认为,这个微不足道的坎很快就会被越过,并达成绝对零度的低温。不论什么时候,想达到绝对零度都是不可能的——但通过物理学一些定律,人们却推出了完全相反的结论。其中一个来自"热力学第三定律",也可以说是"能斯脱热力学定律"。尽管这种情况不是基础物理学的研究对象,只不过在这里需要指出一点的是,很多书的作者都把"热力学第三定律"说成"绝对零度不可达原理"。波利奈尔教授所写的《物理学教程》里面的描述相当通俗,很多物理爱好者都会去看这本书。

作为参考,顺便在这里列出三个相反论题(三种不可能性),它们来自热力学三大定律:

第一定律(能量守恒和转换定律)——第一种永动机不可能存在;

第二定律——第二种永动机不可能存在;

第三定律——绝对零度不可能达到。

我们所感兴趣的是,氢分子在 $-273.145℃$,也就是我们所能达到的最低温度下的运动速度是多少。通过上面的公式可以计算得出运动速度等于:

$$1\,843 \times \frac{\sqrt{0.005}}{\sqrt{273.15}} = 8 \text{(米/秒)}$$

这个速度与老式火车的速度(29 千米/小时)大约是相等的。因此我们可以知道分子即使在这么靠近绝对零度的低温下也可以用这么快的速度运动。

34 什么是真空

【题】你知道真空是什么吗？

【解】将容器里空气最大限度地稀释理解为真空是不正确的。无论气体多么稀薄，物理学家们也不会将它称为真空。从严格意义上来说，分子运动的自由路程的平均范围超出了容器就是真空的标志。

在 1 秒钟内，热运动的气体分子与其他的分子碰撞达到几十亿次甚至更多。分子所走的路程是在一个分子的两次相邻的碰撞之间的这个时间段里，就是分子的自由路程（没有碰撞发生的运动路程）。假如设在 1 秒内分子碰撞的次数为 N，分子的平均速度是 v（即分子在 1 秒钟内所走的平均路程），自由路程的平均大小为 l，那么可得出方程式如下：

$$l = \frac{v}{N}$$

如果设空气分子在零度状态下运动的平均速度 $v \approx 500$（米 / 秒）= 500 000（毫米 / 秒），在常压下的碰撞次数 $N = 5\ 000\ 000\ 000$。所以分子的自由路程在压力等于 76 厘米水银柱的情况下就等于：

$$l = \frac{v}{N} = \frac{500\ 000}{5\ 000\ 000\ 000} = 0.000\ 1 \text{（毫米）}$$

（实际上确定自由路程的方法恰好相反：通过实验可得出 v 和 l，而通过计算可得出 N。我们在这里想确定的仅仅是 l，v，N 之间的关系。）

假如气体气压是标准大气压的 $\frac{1}{n}$，即气体被稀释了 n 倍，那么在每立方分米里分子的数量就会是原来的 $\frac{1}{n}$，所以此时 $n = N$。又因为

$$N = \frac{v}{l}$$

这样，自由路程 l 在认定 v 恒定的情况下（v 与压力无关）就会 n 倍大。

假如将气体稀释 1 000 倍（也就是说压力是 0.001 毫米水银柱），那么对空气来说分子的平均自由路程就等于：

$$0.000\ 1 \times 1\ 000\ 000 = 100（毫米）= 10（厘米）$$

在长度大于 10 厘米的电子灯泡里，相比灯管本身的长度来说，在此压力下自由路程是比它要大的。换言之，分子在平均状态下，从一边内壁运动向另一内壁而不与任何其他分子相撞。由于在很少情况下电灯泡内的压力会比 0.000 000 1 毫米水银柱压力小，而灯泡内的自由路径将会大得多，甚至会达到几千米。气体在这种情况下所获得特征是那些分子相互碰撞的气体所不具备的。所以，在物理学上类似这种情况的分子也有了"真空"这么一个特殊的名字。

在体积更大的容器里，由于容器中的分子之间有碰撞的现象，所以气体被同样稀释是不会出现真空现象的。

35 宇宙中物质的平均温度

【题】你知道宇宙中物质的平均温度是多少吗？

【解】对"宇宙物质的平均温度是多少"这个问题，很多人都是感兴趣的。我们在实验室里是在一般情况下还是在特殊情况下进行研究就直接决定着对这个问题的回答。整个宇宙物质的平均温度竟接近几百万度——这个结果让人惊讶！图 132 是宇宙中物质的温度坐标示意图。

如果我们看一下下面的表述，也许就不会觉得这个突现的结论会令人感到那么惊奇了：与太阳本身质量相比，我们太阳系所有行星的质量总和也只有它的七百万分之一（也就是 0.001 3 个太阳的质量），而在其他恒星系（假如它们也有行星的话）这个比例同样有可能存在。也就是说，在平均温度是几百万度的太阳和它的行星上集中了将近$\frac{999}{1\ 000}$的整个世界的质量。我们的太阳表面的温度是 6 000℃，内部温度不小于（4×10^{7}）℃，是一个很典型的星体。因此物质平均温度将近 200 万度相对于整个宇宙来说是可以接受的。

爱丁顿认为星际空间并没有绝对脱离重力影响，而是充满着高度稀薄的物质——在 1 立方厘米的空间里平均有几十个分子（比最稀薄的真空电子灯泡里空气密度的$\frac{1}{20}$还要小）。假如从爱丁顿的观点出发，那么事情就没有什么两样。在这个假设下，相比集中在星体上物质总量来说，星际空间的物质总量将会比它的 3 倍左右还要多。由于星际空间物质的温度大约是 –20℃，或者更低，那么整个宇宙物质的$\frac{1}{4}$将处在（2×10^{6}）℃之下，而$\frac{3}{4}$将处在 –200℃温度之下。由此可得出宇宙物质的平均温度在（5×10^{5}）℃左右。

宇宙物质的一部分温度低于 –200℃或者更低，而另外一部分温度有（2×10^{6}）℃甚至更高，但无论怎样宇宙物质的平均温度不低于几十万摄氏度。这个结论是毋庸置疑的。在整个宇宙之中，适合生存的温度所占的比例仅仅是很小的一部分。

因而，在一定情况下物质温度是极高的，有几百万度高；抑或是极低的，接近于绝对

20 000℃

18 000℃

6 000℃

4 000℃

3 000℃
1 800℃
1 470℃

800℃

525℃

100℃

0℃

–273℃

图 132

零度（根据爱丁顿假说）。我们的物理学，是偶然状态下的物理学，而通常我们认为的极端条件却是物质温度的典型条件。对于物质处于接近绝对零度状态下的特征我们了解很少，而对于几百万摄氏度状态下的物质特性则完全无知。由此可知我们对研究宇宙物质的主要部分的物理学几乎是处于无知的状态；未来物理学的任务就是对它的研究。

1920—1922 年间，安德森在芝加哥的维尔松山和汶汤姆山天文台进行的一次实验中，发现了地球上的最高温度，如图 133 所示。安德森通过一根又细又短的金属导线将一个电容瞬间放电，在十万分之一秒中导体产生了 125 焦耳的热量。据不同的实验者的计算，金属丝的温度升高，有些时候会达到 20 000℃，有些时候甚至达到了 27 000℃——打破了所有的物理学上至今在实验室达到的最高温度。相比太阳的亮度来说，金属导线发出的光是极亮的，甚至比太阳的还要大 200 多倍。假如把这个金属导体放置于一个充满了水的玻璃容器里，结果就是它会被粉碎成很小的微粒尘，甚至连玻璃碎片都看不到。假如实验者没有穿上特制的防护服，在离爆炸地半米的地方，他的手和脸就会感到强烈的冲击。冲击波向外扩散的速度是声速的 10 倍。在这

图 133

样的温度下分子以很高的速度运动，假如是氢分子就会以 16 千米 / 秒的速度运动。

相比高温星体表面的温度来说，（2×10^4）℃至（2.7×10^4）℃的温度可能要更高一些，但相对于温度高达几百万的星体内部温度来说，这个温度就要小多了。星体内部的温度远远超出了所有人的想象能力。《我们的宇宙》一书对此做了较为详细的描述：

我们发现的星体中心的温度大约有（3×10^7）℃ ~（6×10^7）℃，不是我们实验中所能达到的，我们不能准确想象出来，也不知道它应当意味着什么。我们想象一下，把一个体积为 1 立方毫米的普通物质加热至（5×10^7）℃，这就是说接近太阳中心的温度。这是多么不可想象啊，仅仅因为它向四周辐射而造成的能量损失，就需要 3 万亿马力的机器全负荷地工作才能补给这个能量损失。

自然界 $\dfrac{999}{1\,000}$ 的物质中，可能都存在我们完全无法想象的状况（在任何情况下，这个比例不会少于 $\dfrac{1}{4}$）。正如我们所见，物理学之前所涉足的只是重力世界物质的规律，它还面临着极大的研究空间。

36　千万分之一克

【题】你认为千万分之一克的物质用肉眼可以看得见吗？

【解】事实上，我们每个人都看到过无数次千万分之一克的物质。比如你现在就看见了它，且正注视着它——因为印刷文或者手稿的句号的质量接近千万分之一克。在极其灵敏的秤上称量空白的纸张的质量，然后在上边用墨水笔点上句号再称量——这就是人们称量"句号"的质量的方法。它的质量为：0.000 000 13克。

现代测量质量的方法所能达到的最小的精确值还要远远小于上面这样小

的质量。质量为十万亿分之一克的微粒已经能够被电子测重测量出来，而它的质量只是句号质量的百万分之一。

37 1升酒精在大海里

【题】假如将1升酒精倒入大海里，那么酒精分子在过一段时间后就会平均分散在海洋里。那么你知道从海洋里要将一个酒精分子舀出来需要舀出多少升水才可以吗？

【解】我们需要将1升酒精里包含的分子数量和海洋里水的体积比较一下，才能对这个问题有所答复。这两个数字都超过我们的想象，需要通过计算才能确定它们的大小。下面我们运算一下：

和任何其他物质 "1克分子"一样，1克分子的酒精所包含的分子数量为 6.02×10^{23}（即"阿伏伽德罗常数"），那么1克分子酒精的质量就是：

$$（C_2H_6O）=2 \times 12+6+16=46（克）$$

也就是说，1克酒精所含分子数为：

$$\frac{6.02 \times 10^{23}}{46} \approx 1.3 \times 10^{22}$$

重800克的1升酒精所含分子的数量是：

$$1.3 \times 10^{22} \times 800=104 \times 10^{23} \approx 10^{25}$$

海洋的水到底会有多少升呢？已知海洋表面的面积大约是370 000 000平方千米。假设海洋的平均深度为4千米，那么全球海洋中水的总体积是 $（148 \times 10^7）$ 立方千米，或者是 148×10^{19}（升）$\approx 15 \times 10^{20}$（升）。

1升酒精中所包含的分子与海洋中水的升数相除就得到一个整数——7 000。换句话说，不论在海洋的什么地方，我们用一个容量为1升的杯子舀一杯水，它里面平均就会有倒进海洋里的1升酒精中的大约7 000个分子，也就是说

每次舀起的 $\dfrac{1}{7\,000}$ 升水里就会有一个酒精分子。

还有一个对比可供参考：一滴水中所含的分子数量和黑海中水滴的数量——小水滴的数量相当（见图134）。通过利用上边的方法，读者们可以自己计算一下，确认上述是否正确。

图134

38 气体分子之间的距离

【题】在0℃常温下，与氢分子直径相比，氢气分子之间的距离会比它大多少呢？

【解】即使在正常的压力下，气体之间的距离比我们想象中的也要大。在0℃时且在压力为76厘米水银柱之下，氢分子的直径是 2×10^{-8}，而氢分子之间的平均距离是 0.000 003 厘米（即 3×10^{-6} 厘米），得出这两个数字之后，通过算式 $\frac{3 \times 10^{-6}}{2 \times 10^{-8}}$ 可得出结果是 150。换言之，相比氢分子的直径来说，我们所说的气体的分子之间的距离是它的 150 倍。

39 氢原子的质量和地球的质量

【题】你能估算出下面比例式中的 x 的值是多少吗？

$$\frac{氢原子的质量}{x} = \frac{x}{地球的质量}$$

【解】我们已知氢原子的质量和地球的质量分别等于 1.7×10^{-24}（克）和 6×10^{27}（克），所以它们的几何平均值为：

$$x = \sqrt{1.7 \times 10^{-24} \times 6 \times 10^{27}} \approx 100 \ （克）$$

40 分子的大小

【题】假如地球上的所有物体都增大 100 万倍，那么分子的大小将会变成多少呢？

【解】假如所有地球上的物体都增大 100 万倍的话，埃菲尔铁塔的顶部将会到达月球轨道附近；

人们的身高就会有 1 700 千米；

老鼠将会达到 100 千米长；

苍蝇也会有 7 千米长；

每根头发将会变成为 100 米粗；

我们的血红细胞的直径将会达到 7 米。

而分子本身变得将会像这本书里的字体那么大！

顺便指出一点，直径小于 0.000 1 毫米的物体即使使用放大倍数最大的显微镜我们也不能看得清。而仅各棱长为 0.000 1 毫米的立方体就包含有超过 100 万个分子。这就说明通过显微镜我们只能看到有 100 万或者更多的分子的集合体。

41 电子和太阳

【题】你知道下列比例式中的 x 大约等于多少吗？

【解】假如一个小球的直径与一个电子的直径和太阳的直径的几何平均值相等的话，它也会小得惊人。通过计算如下：

电子直径：4×10^{-13}（厘米）

太阳直径：14×10^{10}（厘米）

$$x = \sqrt{4 \times 10^{-13} \times 14 \times 10^{10}} = \sqrt{0.056} \approx 0.24 \text{（厘米）} = 2.4 \text{（毫米）}$$

由此可见，小球实际上也只有弹丸大小，即使它是一个太阳大小的 $\dfrac{1}{n}$，同时也是一个电子 n 倍的大小。

对宏观世界和微观世界的物体的大小的比较，A.B. 金格尔教授做了很经典的解释，下面是他写给我的信件中的经典段落摘抄：

很容易想象一个直径为 1 千米的球体和一个直径为 1 毫米的针头。一个球是另外一个的 100 万倍。把它们放在一起，然后想象一个大小是那个球的 100 万倍的球体。我们就会得到一个和太阳大小差不多的球体（稍微比太阳小一点点）。于是：

针头：直径为 1 千米的球：太阳

后一个是前一个的 100 万倍大。

从针头的方向往前推，一个大小是针头一百万分之一的小球差不多和一个原子组成简单的分子一样大，再比这个小100万倍的小球就和电子差不多大了。于是就形成了一个公比为100万，有五个项的等比数列：

电子

分子

针头

直径为1千米的球

太阳

……